JN279000

科学のセンスをつかむ
物理学の基礎
エネルギーの理解を軸に

林　哲介［著］

京都大学学術出版会

はじめに

　このテキストは，大学入学試験科目の理科で物理学を選択しなかった人，したがってほとんどの場合，高等学校で物理学を履修しなかった，またはごく一部だけしか学習しなかった人のための授業に用いることを目的として準備されたものである．といっても，このごろ多くの大学でおこなわれるようになったいわゆる高校レベルの「補修授業」とは違って，大学において本来学ぶ基礎物理学の前半部分を初修者のために丁寧に編集したものである．高等学校での物理学が数学における制約と時間的制約のために，かなり羅列的・天下り的になっているのに対して，ここでは物理学の発展の流れに沿いながら，その何よりもの特徴としている「論理性」を重視し，物理学の基本的な性格をとらえることに趣旨がおかれている．

　"初修者"にも2種類あると思う．1つは，たまたま諸事情から大学受験では物理学を選択しなかったが，理科系分野を志望し，将来は化学，生物学，医学等の分野を専門にしようとする人，もう1つは，人文・社会系をめざす人であって，自然科学の中心にある物理科学がどのような学問であり，どのような特徴をもつものかを学ぼうとする人であろう．このテキストはこの両者を念頭においている．とくに文系のための物理学というと，多くの場合，数式を極力避けて物理学の到達点としての自然認識を概観したり，いくつかの主要な概念を紹介したりする場合が多い．しかしこれらは一定の知的興味を喚起はしても，多くは時間とともに忘れ去られる．このテキストで重視しているのは，物理学がどのように物事を考えるのかを体験し，その思考方法を体得することである．そのために必要な数学的方法を避けることはしない．物理学が数学とは不可分であるところにもっとも本質的な性格があるからである．

　このテキストでは，高校の物理では用いられない微分，積分が重要な道具として用いられる．しかしその高度な計算力が要求されることはなく，微分，積分の意味を理解していれば十分である．諸君の中には，三角関数の微分，積分や指数関数，対数関数とその微分等を学んでいない人もいるであろうが，これ

らも必要に応じて最小限を補えば十分である．わずかな数学的手法を会得するだけで，物理学の圧倒的な美しい世界に出会うことになるであろう．

　ほとんどすべての物理学の教科書が「力学」からはじまっているように，このテキストもニュートン力学を中心にしている．これはもちろん歴史的経緯に拠っているが，単に歴史の順序であるだけでなく，1つひとつ確立されてきたことがその次の発展の基礎になるという論理的必然性があるからである．物理学の枠組みは「力学」から「熱力学」，「統計物理学」，「電磁気学」，「相対論」，「量子物理学」と拡がっていくが，1年間の限られた課程を念頭においている本テキストでは，ニュートン力学に軸をおいて，そこからどのように展開していくのかについてはごく入り口を垣間見ることに限らざるをえない．そのため，ここではとりわけ「エネルギー」の概念を中心の主題におき，エネルギーの種々の形態と相互の関係を系統的に理解するよう組み立ててある．

　物理学に対して難しいもの，苦手なものという先入観があったとしたら，この学習を通して少しでもその誤解が解消され，自然科学への敷居が低くなることを期待している．

　いうまでもなく本テキストの作成は，これまでに出版されている内外の諸先輩の手による教科書等を学習した結果に依拠しているので，それらと類似の内容が現れるのを避けられない．この点はあらかじめお断りしておく．

2006年3月

林　　哲介

目　次

はじめに　i

序

（1）ギリシャ自然哲学　3
（2）ニュートン前史　6
（3）ニュートン力学の誕生　7
　　　月はなぜ落ちないか　8

第I章────力，速度，加速度

（1）ベクトル　13
（2）ベクトルのスカラー積（内積）　14
（3）力のつりあい　16
（4）速度，加速度　19
（5）円運動する粒子の速度，加速度　21
　　　余談：*ガリレオとベクトル*　19

第II章────ニュートンの運動法則

（1）運動の3法則　27
（2）慣性質量と重力質量　30
（3）重力下での物体の運動　32
（4）抵抗のある場合の運動　36

　　　　余談：*ガリレオの運動論 1*　　35

第Ⅲ章 ——— 種々の拘束のある運動

（1）簡単な拘束運動　43
（2）バネによる振動　45
（3）単振子の運動　49
　　　　余談：*ガリレオの運動論 2*　　46
　　　　余談：*ガリレオの運動論 3*　　52

第Ⅳ章 ——— 万有引力とクーロン力

（1）万有引力　59
（2）大きな球の質量中心　62
（3）クーロン力　64
　　　　トライアル：クーロン力の大きさ　66
　　　　余談：*遠隔作用　デカルト vs. ニュートン*　66

第Ⅴ章 ——— 仕事とエネルギー

（1）仕事と運動エネルギー　73
（2）保存力場　75
（3）位置エネルギー　78
（4）場の勾配　86
　　　　余談："エネルギー"のルーツ　87

第Ⅵ章 ——— 振動のエネルギー

（1）調和振動のエネルギー　95
（2）抵抗のある場合　98
（3）振動エネルギーの伝播　100

余談：*光の波動説と粒子説　ホイヘンス vs. ニュートン*　104

第VII章 ──── 角運動量保存則

（1）ベクトル積　111
（2）角運動量　112
（3）楕円軌道　116
（4）決定論的世界観とそれからの離脱　120
　　　余談：*レ・メカニケ*　113
　　　余談：*ニュートンの面積速度*　115

第VIII章 ──── 静電場

（1）電場の重ね合わせ　127
（2）ガウス法則　131
（3）静電ポテンシャル（*Electrostatic Potential*）　138
（4）金属導体の性質　142
　　　余談：*キャヴェンディッシュの実験*　139
　　　余談：*アース*　144

第IX章 ──── 場のエネルギー

（1）平板コンデンサーに蓄積されるエネルギー　149
（2）原子核のエネルギー　151
（3）静電応力　153
　　　余談：*核分裂*　154

第X章 ──── 電流，電力エネルギー

（1）オーム法則　163
（2）電力エネルギー　168

　　　　余談：*電源と回路*　　165

　　　　余談：*超電導*　　171

第XI章 ──── 運動量保存，衝突

（1）ガリレイ変換と運動量保存則　　177

（2）重心系　　179

（3）衝　突　　185

　　　　余談：*ホイヘンスの衝突理論*　　190

第XII章 ──── 気体の圧力と温度

（1）気体の圧力　　198

（2）気体の温度　　200

（3）速度と密度の分布　　204

　　　　余談：*熱の仕事当量*　　215

　　　　余談：*第1種の永久機関*　　220

第XIII章 ──── 熱力学法則とエントロピー

（1）熱エネルギー，熱力学第一法則　　213

（2）断熱変化と等温変化　　216

（3）不可逆過程　　219

（4）エントロピー　　223

エピローグ

Appendix

（1）簡単な関数の微分と積分　　235

（2）三角関数の微分，積分　239

（3）物体の斜面落下に関するガリレオの展開　240

（4）振子の周期　243

（5）惑星の軌道半径と公転周期　246

問題解答　250

　　いくつかの章では，表題に**の印が付してある節がある．これらの節は，その内容が物理的あるいは数学的にやや高度であり，読者はその節を読み飛ばしてもその後の理解に支障はない．同様に演習問題に*を付した設問があり，これらはやや高度な問題であることを示している．このテキストを1年間の講義に用いる場合，1回90分，1年30週としても，書き込んだ内容全てを展開するには無理があると思う．履修者の理解度に応じた適切な取捨選択が必要であろう．

序

ニュートン力学の本論に入る前に，これが生まれてきた歴史的背景を見ておくことは有意義である．しかし，科学史・物理学史を全面的に展開することは専門のテキストに委ねることにして，ここではニュートン力学を議論する際に触れておきたいいくつかの事項を点描することに止めよう．
　自然の現象を理解しようとするとき，まずその出発点として，時間，空間，物質，運動とは何か，それらの概念が問題となる．すなわち，自然学は哲学の重要な部分の1つとして歩みはじめる．

（１）ギリシャ自然哲学

近代科学としての自然科学はルネサンスの時代に生まれ500年を超える歴史をもっているが，その誕生の前史として，古代ギリシャにはじまる自然哲学に遡らなければならない．古代オリエントにおける社会発展，すなわち生産力の向上，都市国家の成立，分業社会の進展に伴い，支配階級に随伴して知識者集団が形成され，またこれを継承する機能としての"学校"の誕生等がイオニアの初期自然主義哲学を生んだ[1]．もちろん近代科学における観察・実験・理論といった科学的方法ではなく，"思弁"をその範囲として，定義，仮説，推論，証明という論理的思考パターンを顕在化させ，統一的世界観を確立しようとする営みとして発展した．イオニア自然学の特徴は唯物論・無神論にあった．すなわち「自然とは何か」を自然そのものによって説明しようとする思想であり，"物質とは何か"の議論からはじまった．タレスに代表されるイオニア自然学はやがてギリシャ自然哲学の１つの流れに引き継がれる．

タレス（*Thales* B.C.625-545）
　　：「万物は水から生まれ，水自身の力により作られる」
ヘラクレイトス（*Heracleitos* B.C.535-475）
　　：「すべてのものは火と交換され，火はすべてのものと交換される」
エンペドクレス（*Empedocles* B.C.490-430）
　　：「土，水，火，空気の四元説」
デモクリトス（*Democritos* B.C.460-375）
　　：「宇宙はそれ以上分割できない原子と空虚からなる」

これらの物質論とは別に重要なものとして，ピタゴラス（*Pythagoras* B.C.582-500）による量と数の概念形成，無理数の発見等の数学上の発展も大きな役割を果たしている．

デモクリトスの"原子と空虚"は，支配層が神秘なものの説明に"神の力"を借りるのに対して打ち出した唯物論であり，とくに，目には見えない"根源物質"としての「原子」を導入することによって，感性のみに頼るのでなく，感性と理性の双方の役割によって真理を推論するという方法を確立したものと

いえる．これは次のアテネにおけるエピクロス（*Epicuros* B.C.341-270）の原子論に引き継がれる．この古代原子論の優れた完成度とその社会的意味は，後のローマの詩人ルクレチウス（*Lucretius* B.C.95-55）の『物の本質について』にみごとに表現されている[2]．

　これらの唯物論自然主義の一方で，ギリシャではもう1つの大きな流れとしてアテネの社会哲学（観念論）が生まれた．奴隷制を基礎にした生産性の発展と社会機構の巨大化は貴族政治の維持・強化への知識層の動員を生み，これが唯物論と観念論の対立となって展開していく．その中心はプラトン（*Platon* B.C.427-347）であり，"アカデミア"（学校）を設立し，イオニア自然学と対決する．プラトンは，「不変不滅の世界は天上・神の世界"イデア"である」とし，すべての根源をこの"イデア"に求めた．人間を含むあらゆる地上の存在はこのイデアからの序列下にある．「自然の本来の姿は天球の和音・調和にある」とし，自然の観察という感性による事象の把握の価値を否定する．

　このプラトンの流れを一部受け継ぎその後に支配的な影響を与えたのがアリストテレス（*Aristoteles* B.C.384-322）である．しかし，アリストテレスはプラトンのように徹底した観念論ではなく，自然現象の観測，物質の運動の解明といった点ではるかに科学的であった．これが後年に圧倒的な影響力をもつ源となっている．しかしその哲学の基本が"目的論"となっているところにプラトンの観念論のしがらみがある．イオニア自然学が"根源物質"に象徴されるのに対して，プラトン，アリストテレスは「時間，空間，物質，運動の概念」を定義する立場をとり，これはニュートン力学に一定の基礎を与えている[3]．

> プラトンの時間論：「時間は宇宙とともに発生したが，宇宙の発生以前には昼と夜もなく，月と年もなかった．神は，天が組み立てられると同時に，それらがいま発生するように計画した．」

> アリストテレスの時間論:「運動や変化は動きつつある当のものにだけあるが，時間はあらゆるところに等しく存在する．」「変化は『より速く』も『より遅く』もあるが，時間にはそれがない．」「運動が連続的であることに応じて，時間もまた連続的である．」

このように，アリストテレスの時間論は，プラトンの時間論と比べて物質の運動と不可分のとらえ方が特徴である．アリストテレスの空間（場所）論は，原子論の唱える"空虚"（真空）に対するものであり，その前提としてアリストテレスによる物質論と運動論がある．

> 「4つの要素物質：土，水，空気，火があり，これらは中心からこの順序で配置され，さらにそのかなたの天空に"精気（エーテル）"がある．」
> 「このように物体は本来そのあるべき場所があり，固有のあるべき場所にあることが自然である．」
> 「場所は単に存在するだけでなく，性能をもって，動かされ得ないものとして自然のうちに存在する．」
> 「運動は本来から外れたときに起こり，本来に戻ろうとする．」
> 「運動体はこれを押す力がその働きを失ったときに静止する．」
> 「激しい運動には空気が必要である．地上の世界には激しい運動が存在しており，そのために空虚は不可能である．」
> 「重さとは，重いものが下のほうへ向かう傾向の強さであり，軽さとは，軽いものが上のほうへ向かう傾向の強さである．」
> 「媒体の違いが，物体の移動に速い遅いの相違を生じる．落下速度は媒質の密度に逆比例する．真空では密度がゼロ，速度が無限大となり，したがって真空での運動は不可能である．」

これらの議論には"目的論"が貫かれていることが読み取れるが，アリストテレスの自然学は，その議論の論理的体系性，総括性により，また当時の政治支配の思想的支えとして圧倒的な力を持ち，近世初頭まで"教義"として影響力をもち続けた．この中に包含されている，天賦のものとしての「絶対的空間と時間」は，ニュートン（*Newton* 1642–1727）にも引き継がれた．

もう 1 つ，ニュートン力学の基礎を与えるものとして，同じギリシャにおけるユークリッド幾何学 (*Euclid* B.C.303-275) がある[3]．ここでは，まず出発点としていくつかの「公理」を承認し，これをもとに論理的な推論をすすめ，「定理」を導く．定理は公理を用いて「証明」される．このような論理的思考方法の確立は，自然科学の発展に対してきわめて大きな役割を果たした．

公理　・任意の 2 点を結ぶ線分が必ず 1 つだけ存在し，延長できる．
　　　・任意の点を中心に任意の円を描ける．
　　　・2 つの直角は移動して重なる．
　　　・任意の点を通り，任意の直線に平行な直線がただ 1 つ存在する．
　　　　例：3 中線の定理，三角形の内角の和，ピタゴラスの定理

このユークリッド幾何学は，「歪みのない一様な空間」の存在を承認することが含まれており，ニュートン力学における座標系の前提となる．

（2）ニュートン前史

ローマの時代から長い中世の間，科学技術の発展はきわめて緩慢であったといわれる．産業，生産力の発展の緩慢さと初期キリスト教から変質した教会権力による支配が社会の変化を長引かせた．アリストテレスの自然学を中心としたスコラ哲学がその長い支配を支えていた．しかしこの間にも，種々の自然理解への営みがあったことはいうまでもない．医術，錬金術，鉱山学，航海術，天文術，弾道学等の営為の中から，医学，化学，熱学，天文学，力学の経験的・実験的知見が蓄積されていった．これらからやがてニュートン力学の直接の誘因となる惑星の運動と地上における物体の運動の科学が生まれる．ルネサンス，宗教改革，そして生産力の向上によるマニファクチュアへの発展によって，近代科学の芽が形成される．これに伴って，支配的であったスコラ哲学に対してアリストテレスの自然学における実証科学的部分が見直される．この萌芽期は，レオナルド・ダ・ビンチ (*Leonardo da Vinci* 1452-1519) とコペルニクス (*Copernicus* 1473-1543) に代表される．

ニュートン前史としての明確な近代科学のはじまりは 16 世紀なかばからであり，

- フランシス・ベーコン（*Bacon, Fransis* 1561-1626）
- ガリレオ・ガリレイ（*Galilei, Galileo* 1564-1642）
- ケプラー（*Kepler* 1571-1630）
- デカルト（*Descartes* 1596-1650）
- ホイヘンス（*Huygens* 1629-1695）

が挙げられる．ここではこれらのそれぞれについての詳述には立ち入らない．ニュートンの万有引力の法則を生む出発点としての惑星の運動の理解は，コペルニクスの惑星軌道と，ティコ・ブラーエ（*Ticho-Brahe* 1546-1601）の 20 年余にわたる詳細な天体観測データを基礎にしたケプラーの法則に集約されている．これについては第Ⅳ章で触れよう．ニュートンの運動法則の基礎は，デカルトの運動論（運動量概念），ガリレイの地上における物体の運動や，デカルトの慣性の法則を受け継いだホイヘンスの衝突理論にある．

> デカルト：「物体には運動を続けようとする性質：慣性がある．運動量は保存される．」
>
> ガリレイ：「地上における物体の自然落下の距離は時間の自乗に比例する．落下の速度は時間に比例する．」

（3）ニュートン力学の誕生

　ニュートン力学はその大著『*PRINCIPIA*』（自然哲学における数学的諸原理）(1687) に集約される[4]．物体の運動法則の一般論と重力理論，万有引力の理論を集大成したものである．ニュートンの基本的な立場は，これまでの自然哲学において見られる"根源的問い"を退け，公理ともいえる前提にたって「現象の単なる記述的説明」から「合理的な因果関係の体系」を確立することにある．

> 「空間や時間，運動はよく知られていることなので，ここでは定義しない．」

ここでは，不変不動の絶対空間と絶対時間，時空の連続性が前提となっている．

「運動には慣性があり，運動の変化はその物体に働く力の結果である．」

この運動法則の基本的な理解は前述したアリストテレスのそれと対比される．

現代においてもニュートン力学の威力は不動であるが，時間・空間の存在，宇宙における運動の原因において「神の存在，深慮と支配」に依拠していることは興味深い．

「地球周辺のあらゆる物体が，重力により，それぞれのもつ物質の量に比例して地球の方へ引き寄せられ，月もまた同じく地球に引かれ，そしてすべての惑星が相互に引き合い，同様に彗星も太陽に引きつけられていることなどが，実験や天体観測などによって一般的に明らかになれば，この規則性の帰結として，いかなる物体にも相互に作用する引力の法則が適用できることを，普遍的に認めないわけにはいかない．」

かくして万有引力の法則が発見されるが，ここではその出発点となった有名な検討，「月はなぜ落ちないか」について，簡単に紹介しておこう[5]．

"月はなぜ落ちないか"

地球の中心を O とし，月の軌道は円軌道とする．軌道上の点 A の月は何の力も作用していないとすると，A での速度の方向，すなわち接線方向 AB に沿って進むはずであるが（慣性），実際には弧 AP に沿って進む．これを水平方向に投げ出した投射体の運動と考えると，月は O に向かって BP だけ落下したことになる（運動のベ

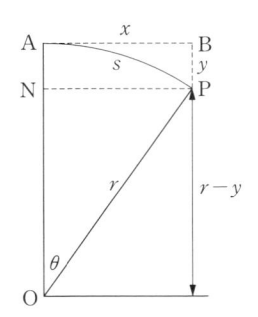

クトルの分解).さて,この場合,月は1秒間にどれだけ落下するかを考えてみる.
三角形ONPについて

$$(r-y)^2+x^2=r^2, \qquad \therefore \ x^2=2ry-y^2$$

θ が十分小さく,$y \ll r$ の場合,

$$y \simeq \frac{x^2}{2r} \simeq \frac{s^2}{2r}$$

月の軌道半径 r は約 3.8×10^8 m,周期 T は 27.3 日 $\simeq 2.4 \times 10^6$ 秒を用いると,1秒間に軌道上を $s \simeq 1000$ m 動き,垂直落下距離は $y \simeq 1.3 \times 10^{-3}$ m となる.すなわち,月は1秒間に水平方向に1km進む間に,約1mm落下する.ところで,地上では水平に投げた物体は1秒間に4.9m落下することを思い起こそう.月の落下距離との比は約 3700:1 になる.月の軌道半径は地球半径の約60倍であることが知られていた.万有引力が地球の大きさによらず,地球の中心からの距離によって逆自乗の法則に従うとすると,地球が物体を引く力は地表と月とで 1:3600 になり,上の結果とおよそ符合する.

参考文献

［1］ 大沼正則『科学の歴史』青木書店.
［2］ ルクレチウス『物の本質について』樋口勝彦訳,岩波文庫.
国分一太郎編『宇宙をつくるものアトム』少年少女科学名著全集4,国土社.
［3］ 田村松平編『ギリシャの科学』世界の名著9,中央公論社.
［4］ 河辺六男編『ニュートン』世界の名著26,中央公論社.
［5］ フレンチ『MIT 物理 力学』橘高知義監訳,培風館.

第 I 章

力，速度，加速度

ニュートン力学においては，「絶対空間と絶対時間」が前提となっていることを序章で述べた．すなわち，空間の一様性と等方性（ユークリッド空間），空間と時間の独立性と連続性については，改めて議論することを要しない"天賦"のこととして承認する立場から出発する．ここではこの立場に立ち，まずはじめに"運動"を論じる基本的な道具立てとしての"ベクトル"と，経験から出発した"力"と"速度"，"加速度"を準備することにしよう．

（１）ベクトル

　3次元空間において，大きさ（スカラー）と方向によって規定される物理量をベクトルとよんでいる．力，速度，加速度などがこのテキストのはじめに登場するベクトル量である．水や熱の流れなどもまたベクトル量としてとらえるものである．単位時間に単位面積を通過する水や熱の量によって流れの大きさを表し，それが空間のどの方向に向かっているかを同時に表すことによってベクトルとなる．

　大きさが A のベクトル $\boldsymbol{A}\,(\vec{A})$ は，その方向を表す単位ベクトル $\hat{\boldsymbol{a}}$（大きさ1）を用いて

$$\vec{A} = A\hat{\boldsymbol{a}} \tag{1-1}$$

と表される．$A = |\vec{A}|$ と表すこともある．
（ベクトルの表示は太文字で表したり上に矢印をつけてスカラーと区別する．このテキストでは原則として太文字で表記するが，まぎらわしい場合には矢印をつけるので，注意して読みとること．）

　ベクトルを図示するときには図1-1のように矢印で表すが，この矢印の長さがベクトルの大きさを示すように描く．

　ベクトルの加減

$$\vec{C} = \vec{A} + \vec{B} \tag{1-2}$$
$$\vec{B} = \vec{C} - \vec{A} \tag{1-3}$$

は図1-2のようにして定義される．
出発点からベクトル $\vec{A}$ だけ進み，次にベクトル $\vec{B}$ だけ進んだ結果は，はじめからベクトル $\vec{C}$ だけ進むことに相当する，というようにして加減を理解するこ

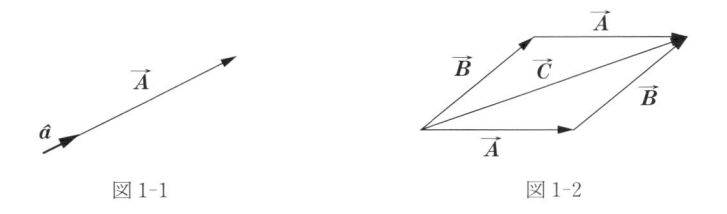

図1-1

図1-2

とができる．

　直交座標 (x, y, z) 上でのあるベクトル $\vec{A}$ は，x, y, z 軸の単位ベクトル $\boldsymbol{i}, \boldsymbol{j}, \boldsymbol{k}$ を用いると，ベクトルの加法に従って，図 1-3 のようにそのベクトルを x, y, z 軸へ射影した成分 A_x, A_y, A_z により，

$$\vec{A} = A_x \boldsymbol{i} + A_y \boldsymbol{j} + A_z \boldsymbol{k} \tag{1-4}$$

と表される．ピタゴラスの定理により大きさ A は

$$A = \sqrt{A_x^2 + A_y^2 + A_z^2} \tag{1-5}$$

である．

　また，ベクトルの和はそれぞれの成分を用いて

$$\vec{A} + \vec{B} = (A_x + B_x)\boldsymbol{i} + (A_y + B_y)\boldsymbol{j} + (A_z + B_z)\boldsymbol{k} \tag{1-6}$$

であることもただちにわかる．

　空間の位置を表すためには適当な座標系を用いるが，その原点を基準にした任意の位置はまた 1 つのベクトルで示される．直交座標の位置 (x, y, z) を表すベクトル $\vec{r}$ は

$$\vec{r} = x\boldsymbol{i} + y\boldsymbol{j} + z\boldsymbol{k} \tag{1-7}$$

である．

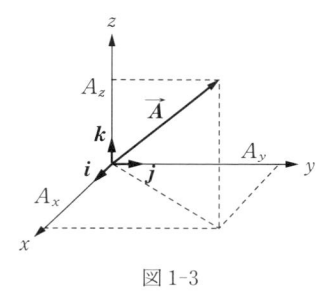

図 1-3

（2）ベクトルのスカラー積（内積）

　2 つのベクトル $\vec{A}$，$\vec{B}$ のスカラー積は，その間のなす角 θ によって

$$\vec{A} \cdot \vec{B} = AB\cos\theta \tag{1-8}$$

と定義される．この積はスカラー量であり，一方のベクトルの大きさと，その

図 1-4　　　　　　　図 1-5

方向へ他方を射影した大きさの積の量となっている．
この定義から明らかなように

$$\vec{A}\cdot\vec{B}=\vec{B}\cdot\vec{A} \tag{1-9}$$

$$\vec{A}\cdot\vec{A}=A^2=|\vec{A}|^2 \tag{1-10}$$

また，ベクトル $\vec{A},\vec{B}$ が直交しているとき，そのスカラー積はゼロである．

直交座標系における単位ベクトルの間には

$$\begin{aligned}\boldsymbol{i}\cdot\boldsymbol{i}=\boldsymbol{j}\cdot\boldsymbol{j}=\boldsymbol{k}\cdot\boldsymbol{k}&=1\\ \boldsymbol{i}\cdot\boldsymbol{j}=\boldsymbol{j}\cdot\boldsymbol{k}=\boldsymbol{k}\cdot\boldsymbol{i}&=0\end{aligned} \tag{1-11}$$

の関係があることも (1-8) から自明である．

任意のベクトル $\vec{A}$ と単位ベクトルの1つ $\boldsymbol{i}\,(\boldsymbol{j},\boldsymbol{k})$ とのスカラー積は，そのベクトルの $x\,(y,z)$ 成分の大きさを表し，<u>方向余弦</u>とよばれる．

$$\vec{A}\cdot\boldsymbol{i}=A\cos\alpha=A_x,\quad \vec{A}\cdot\boldsymbol{j}=A\cos\beta=A_y,\quad \vec{A}\cdot\boldsymbol{k}=A\cos\gamma=A_z \tag{1-12}$$

ここで $\alpha\,(\beta,\gamma)$ はベクトル $\vec{A}$ と $x\,(y,z)$ 軸のなす角である（図1-5）．

ベクトル $\vec{A},\vec{B}$ のスカラー積はそれぞれの成分を用いて

$$\vec{A}\cdot\vec{B}=A_xB_x+A_yB_y+A_zB_z \tag{1-13}$$

と表されることは幾何学的に（三角形の余弦定理を用いて）示すことができる．

また，(1-6) と (1-13) により

$$\vec{A}\cdot(\vec{B}+\vec{C})=\vec{A}\cdot\vec{B}+\vec{A}\cdot\vec{C} \tag{1-14}$$

の代数的関係が成り立つことがわかる．2つのベクトル $\vec{A},\vec{B}$ が等しいとき

$$\vec{A}\cdot\vec{C}=\vec{B}\cdot\vec{C} \tag{1-15}$$

である．

ベクトルが時間に依存して変化する物理量であるとき，そのベクトルの時間変化率は，空間座標と時間座標が独立変数であることから，

$$\frac{d\vec{A}(t)}{dt}=\frac{dA_x}{dt}\boldsymbol{i}+\frac{dA_y}{dt}\boldsymbol{j}+\frac{dA_z}{dt}\boldsymbol{k} \tag{1-16}$$

である．2つのベクトルがそれぞれ時間に依存して変化する場合，そのスカラー

積の時間微分は，

$$\frac{d}{dt}(\vec{A}\cdot\vec{B}) = \frac{d\vec{A}}{dt}\cdot\vec{B} + \vec{A}\cdot\frac{d\vec{B}}{dt} \equiv \dot{\vec{A}}\cdot\vec{B} + \vec{A}\cdot\dot{\vec{B}} \qquad (1\text{-}17)$$

と，一般にスカラー関数の積の微分と同じ扱いになることは (1-13), (1-16) からわかる．(任意の物理量 f の時間微分 $\frac{df}{dt}$ を $\dot{f}$ と簡略に表す．)

（3）力のつりあい

(1-2), (1-3) によってベクトルの加減を定義する根拠は，実際に自然界におけるベクトル量の合成がこの加減則に従っていることにある．たとえば，一定の速度で流れる川の岸から船が対岸に船首を向けて航行するとき，この船の速度は，川の流速とこれに垂直な船自体の速度のベクトル和になっている．また，物体に 2 つの力が働くときその及ぼす効果は，2 つの力のベクトル和（合力）の効果に等しい．

種々の力が働いている物体が結果として静止している場合，これらの力の総和はゼロであり，このことから力のつりあいを解析することが可能になる．

簡単な問題を検討してみよう．
① 図 1-6 のように，おもりを 2 本の糸で吊り下げる．地球がおもりを引っ張る力を $\vec{W}$ とし，2 本の糸が鉛直方向に対してともに角 θ をとるとき，糸の張力 $\vec{T}$ の大きさはどれだけか．

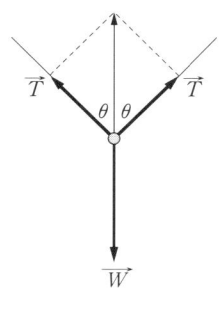

図 1-6

（解）

力 $\vec{W}$ は 2 つの張力の合力とつりあっている．

すなわち，$2T\cos\theta = W$

ゆえに張力の大きさは $\quad T = \dfrac{W}{2\cos\theta}$

これからわかるように，糸を真横に引っ張って支えようとすると無限大の力が必要になる．

② 図 1-7 のように滑らかな水平台の上に物体が静止している．物体には地球が引く重力 $\vec{W}$ が働いているが，静止しているためには重力とつりあう力が台から物体に働いていると考えなければならない．この力 $\vec{N}$ は<u>垂直抗力</u>とよばれる．

図 1-8(a)のように，水平面から角度 θ だけ傾いている滑らかな平面台の上に物体がある．物体を地球が引く力が $\vec{W}$ で，摩擦はまったくないとする．台の面に沿って物体を支え静止させるのに必要な力 $\vec{F}$ は，ベクトル $\vec{W}$ を斜面に平行な成分と垂直な成分に分解したときの水平成分 $F = W\sin\theta$ であることが実験的に確かめられる．その結果，物体が斜面上に静止しているということは，斜面から物体に $N = W\cos\theta$ の大きさの垂直抗力が働いていると結論できる．摩擦のない斜面上の物体には，地球が引く力と台からの垂直抗力だけが外力として働いていると理解できる．

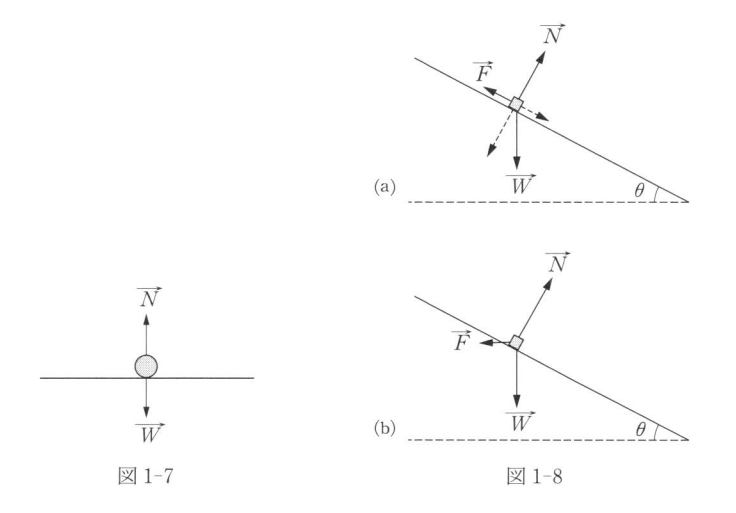

図 1-7　　　図 1-8

それでは，同じ斜面にある物体を図 1-8(b)のように，水平方向に力 $\vec{F}$ をかけて静止させる場合には，その必要な力とこのときの垂直抗力はどうなるだろうか．｛演習問題Ⅰ（3）｝

③　台と物体の間に摩擦がある場合を考えよう．一般に，水平の台上にある物体に水平方向に力を加えても物体はすぐには動かない．台と物体の接触面が理想的に滑らかではなく摩擦力が作用するためである．水平方向，垂直方向の力のつりあいを考えると，摩擦力は，水平方向に物体に加えている力と反対向きの同じ大きさの力になることは明らかである．摩擦力の大きさは 2 つの物質の接触表面の性質によっている．少しずつ加える力を大きくして物体がはじめて動き出す限界での摩擦力の大きさは近似的に垂直抗力に比例することが実験的に知られている．この静止限界での摩擦力 $\vec{F'}$ と垂直抗力の間の比例係数は，**静止摩擦係数 (μ)** とよばれる（$F' = \mu N$）．この摩擦力に勝る大きさの力を台に平行に加えたとき，物体は動き出す．

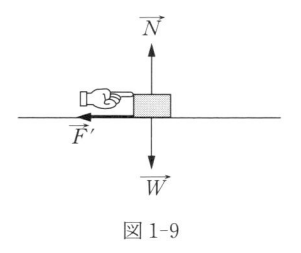

図 1-9

｛問 1｝
　図 1-8(a)で，斜面と物体の間に摩擦があるとしよう．斜面の傾き θ を水平から次第に大きくしていったところ，$\theta = 30°$ で物体が滑りはじめた．この面と物体の静止摩擦係数はどれだけか．

　物体が運動状態にあるときの摩擦力も同様に垂直抗力に比例するとみなすことができる．その場合の比例係数は**動摩擦係数 (μ')** とよばれる．摩擦がある場合の運動については，次章以降の運動の議論をもとにしなければならないが，本テキストの目的と限られた紙面から，詳細は他にゆだねることにして，摩擦のない原理的な議論に対する補正について後に少しだけ触れることに止める．

余談：ガリレオとベクトル

1節で表したベクトル演算などの数学的表現はガリレオやニュートンの時代にはなく，その定式化はずっと後，ハミルトン (1805-1865) からであるといわれている．しかし，ベクトルという抽象化はなくてもこれに相当する物理的な量の合成についてはガリレオ，ニュートンにおいて明瞭である．ニュートンの『*PRINCIPIA*』では，次章はじめに紹介する3つの運動法則に続いて「平行四辺形の法則」が述べられている．

「物体は合力によって，個々の力を辺とする平行四辺形の対角線を同じ時間内に描くこと．」

これは (1-2) 式である．このような理解の原型はガリレオにある．地上での放物体の運動における速度の水平方向と鉛直方向への分解や，斜面に沿って物体を持ち上げる場合の水平方向と鉛直方向への力の分解など，随所に見られる．

（4）速度，加速度

空間を運動する粒子をある座標系で観測する．観測する座標系を決めると，粒子の位置は (1-7) $\vec{r} = x\boldsymbol{i} + y\boldsymbol{j} + z\boldsymbol{k}$ で表される．この粒子の速度は「位置の時間的変化率」，加速度はその「速度の時間的変化率」である．これらの定義は1次元の運動の場合には直感的にとらえるものと矛盾しないが，一般にはいずれもベクトルであることに注意しよう．速度も加速度も，一般にはその大きさのみならず，方向も時間とともに変化するからである．

時間とともに変化する物理量，たとえばこれを $f(t)$ とすると，その時間変化率は微少な時間間隔 Δt での $f(t)$ の変化量 $f(t+\Delta t) - f(t)$ を Δt で割ったもの，すなわち $f(t)$ の時間微分である．

$$\frac{df}{dt} = \lim_{\Delta t \to 0} \frac{f(t+\Delta t) - f(t)}{\Delta t} \equiv \lim_{\Delta t \to 0} \frac{\Delta f(t)}{\Delta t} \tag{1-18}$$

$f(t)$ の**変分** df は，$df = \left(\dfrac{df}{dt}\right) dt$ である．

さて，粒子の運動が1次元（たとえば x 軸上）に限定されている場合には，

$$\text{速度は } v_x = \frac{dx}{dt} \equiv \dot{x}, \quad \text{加速度は } \alpha_x = \frac{dv_x}{dt} = \frac{d^2 x}{dt^2} \equiv \ddot{x} \tag{1-19}$$

である（1階，あるいは2階の時間微分を表す簡略な表記法として$\dot{x}$, $\ddot{x}$を用いる）．粒子の位置の移動方向がx軸上の正の方向か負の方向かによって，速度は正か負の値をとる．また速度の増加する変化か減少する変化かによって，加速度の正負が決まる．

{問2}

x軸上を速度ctで運動する粒子が，時刻t_1に位置x_1にある場合，時刻t_2における位置を求めよ．時刻t_1とt_2の間での平均の速度を求めよ．

一般に3次元空間を運動する粒子の場合，速度，加速度はそれぞれベクトルとしての位置$\vec{r}$や速度$\vec{v}$の時間変化率となり，それらもまたベクトルである．
時間Δtの間の位置ベクトルの変化$\Delta \vec{r}$は
$$\Delta \vec{r} = \vec{r}(t+\Delta t) - \vec{r}(t),$$
したがって，速度$\vec{v}(t)$は
$$\vec{v}(t) = \lim_{\Delta t \to 0} \frac{\Delta \vec{r}}{\Delta t} = \frac{d\vec{r}}{dt} \equiv \dot{\vec{r}} \tag{1-20}$$
図1-10からわかるように速度ベクトルの方向は，粒子の運動の曲率の接線方向になる．

位置を直交座標で表示した場合，速度もまたそれぞれの成分で表される．

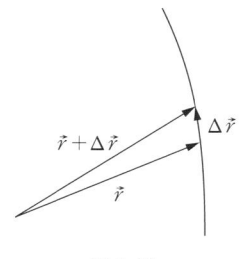

図1-10

$$\tilde{\boldsymbol{r}}(t) = x(t)\boldsymbol{i} + y(t)\boldsymbol{j} + z(t)\boldsymbol{k},$$

$$\tilde{\boldsymbol{v}}(t) = \frac{dx(t)}{dt}\boldsymbol{i} + \frac{dy(t)}{dt}\boldsymbol{j} + \frac{dz(t)}{dt}\boldsymbol{k} = v_x\boldsymbol{i} + v_y\boldsymbol{j} + v_z\boldsymbol{k} \tag{1-21}$$

$$|\tilde{\boldsymbol{v}}(t)| = v(t) = \sqrt{v_x^2 + v_y^2 + v_z^2} \tag{1-22}$$

加速度 $\tilde{\boldsymbol{a}}$ は速度の時間微分だから，上記の位置と速度の関係を速度と加速度の関係に置き換えたものとなる．すなわち，

$$\tilde{\boldsymbol{a}}(t) \equiv \dot{\tilde{\boldsymbol{v}}}(t) \equiv \ddot{\tilde{\boldsymbol{r}}}(t) = \lim_{\Delta t \to 0} \frac{\tilde{\boldsymbol{v}}(t+\Delta t) - \tilde{\boldsymbol{v}}(t)}{\Delta t} = \frac{d\tilde{\boldsymbol{v}}(t)}{dt} = \frac{d^2\tilde{\boldsymbol{r}}(t)}{dt^2},$$

$$= \frac{d^2 x(t)}{dt^2}\boldsymbol{i} + \frac{d^2 y(t)}{dt^2}\boldsymbol{j} + \frac{d^2 z(t)}{dt^2}\boldsymbol{k} = a_x\boldsymbol{i} + a_y\boldsymbol{j} + a_z\boldsymbol{k},$$

$$|\tilde{\boldsymbol{a}}(t)| = \sqrt{a_x^2 + a_y^2 + a_z^2}. \tag{1-23}$$

{問3}

地上のある高さの位置から物体を水平方向に投げた後，物体の速度の変化と加速度の方向を考察せよ．

（5）円運動する粒子の速度，加速度

ここで，これからの種々の運動の議論において何度も登場する円運動の速度や加速度に触れておこう．今，粒子が半径 r の円軌道を等速運動している場合を考える．回転の角速度を ω (radian/sec) とし，$t=0$ に粒子は x 軸上にあるとすると，任意の時刻における粒子の位置 $\tilde{\boldsymbol{r}}(t)$ は図 1-11 からわかるように，

$$\tilde{\boldsymbol{r}}(t) = (r\cos\omega t)\boldsymbol{i} + (r\sin\omega t)\boldsymbol{j} \tag{1-24}$$

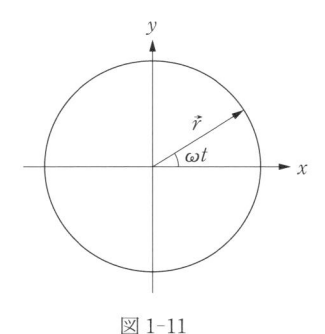

図 1-11

である．この x, y 成分を時間微分して速度の x, y 成分を求めると，

$$v_x(t) = -r\omega \sin \omega t, \quad v_y(t) = r\omega \cos \omega t \tag{1-25}$$

$$\therefore \quad |\vec{v}(t)| = \sqrt{v_x^2 + v_y^2} = r\omega \tag{1-26}$$

（これまでに，角度 radian や三角関数の微分を学んでいない人は巻末の **Appendix** (1), (2) を参照すること．）

次に加速度は，さらに (1-25) を時間微分して，

$$a_x(t) = -r\omega^2 \cos \omega t = -\omega^2 x(t)$$

$$a_y(t) = -r\omega^2 \sin \omega t = -\omega^2 y(t)$$

$$\therefore \quad \vec{a}(t) = -\omega^2(x\vec{i} + y\vec{j}) = -\omega^2 \vec{r}(t) \tag{1-27}$$

(1-27) 式から等速円運動の加速度ベクトルは，常に中心の方向に向いていることがわかる．これを**向心加速度**とよぶ（図 1-12）．

向心加速度の大きさは (1-26), (1-27) により

$$a = \omega^2 r = \frac{v^2}{r} \tag{1-28}$$

である．このように等速円運動をする粒子がつねに円の中心に向かう加速度をもつということは直感的にはややとらえにくいかもしれないが，次章の運動法則においてこのことが鮮明になる．

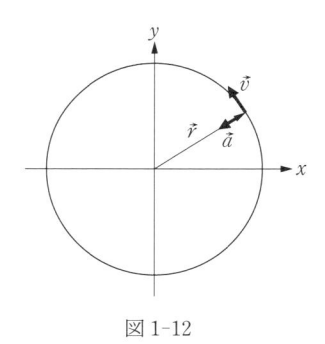

図 1-12

{問 4}
(a) 速度も加速度もゼロであるような状態はかならず静止状態か．
(b) 速度はゼロであるが加速度がゼロでない状態はどんな場合か．

(c) 速さは一定であるが，速度と加速度が変化している状態を挙げよ．

Advanced

一般に時間的に変動するベクトル $\vec{A}$ の大きさが一定の場合には，$\vec{A}$ と $\dot{\vec{A}}$ は直交する．

(証明)

2つのベクトルの内積の時間微分 (1-17)

$$\frac{d}{dt}(\vec{a}\cdot\vec{b}) = \dot{\vec{a}}\cdot\vec{b} + \vec{a}\cdot\dot{\vec{b}}$$

を用いると

$$\vec{A}\cdot\dot{\vec{A}} = \frac{1}{2}\frac{d}{dt}(\vec{A}\cdot\vec{A}) = \frac{1}{2}\frac{d}{dt}A^2 = 0.$$

すなわち，2つのベクトル $\vec{A}$ と $\dot{\vec{A}}$ は直交する．

　この議論から，円運動している粒子の速度ベクトルは，動径ベクトル $\vec{r}$ と直交することがわかる．まったく同様にして，等速円運動では速度ベクトルと加速度ベクトルが直交する．

演習問題 I

(1) 2つのベクトル
$$\vec{A} = i + \sqrt{3}j, \quad \vec{B} = \sqrt{3}i + j$$
の内積および両者のなす角度を求めよ．

(2) スカラー積 $\vec{A} \cdot \vec{B} = AB\cos\theta$ から (1-13) 式
$$\vec{A} \cdot \vec{B} = A_x B_x + A_y B_y + A_z B_z$$
を示せ．

(3) 3節，図1-8(b)の斜面上の物体を，水平方向の力で支えて静止させる場合，その力，および斜面による垂直抗力の大きさを求めよ．

(4) x 軸上を加速度 a で運動する粒子が，時刻 t_1 に速度 v_1 で，位置 x_1 にある場合，時刻 t_2 における位置と速度を求めよ．加速度が at の場合はどうか．

(5) x 軸上を運動する粒子の位置座標 x と時刻 t が
$$x(t) = at + bt^3$$
の関係にある．ここで，$a = 5\,\mathrm{m/s}$, $b = -1\,\mathrm{m/s^3}$ である．時刻が -1 秒と 1 秒における位置，速度，加速度を求めよ．またこの間の平均の速度と加速度を求めよ．

(6) x, y 面内で，時刻 $t=0$ に原点に静止している粒子が，加速度 $\vec{a} = ai + \cos\omega t\, j$（$a$, ω は定数）で運動をはじめた．時刻 t における位置，速度を求めよ．

第II章
ニュートンの運動法則

ニュートンが力学の原理を集大成した『PRINCIPIA』(1687)は「物体の運動について」,「抵抗媒質中の物体の運動」,「世界体系」の3部からなるが,これらの前にある「公理,または運動の法則」において,もっとも基本的な3つの法則が述べられている.これは実験や観測から直接"導出"されたものではなく,それまでのさまざまな自然認識や実験事実と,確立されてきた数学的原理にもとづいて,公理的に提唱された原理的認識であり,いわば"宣言"である.これにもとづいて地上や惑星空間での種々の物体の運動が矛盾なく説明されることによって,その圧倒的な優位性が示された.この運動法則に到達するのに直接関連しているのは,ガリレイの「地上における物体の自然落下の距離は時間の自乗に比例する.落下の速度は時間に比例する」という落体運動の解明,デカルトの「物質には運動を続けようとする慣性がある.運動量は保存される」という認識やホイヘンスによる衝突の理論であった.

（1）運動の3法則

I．**慣性の法則**：他の物体から十分はなれて何の作用も受けない物体は加速度のない運動をする．

II．**運動の法則**：物体の運動量の変化は作用する力の大きさに比例し，その力の方向に起きる．

III．**作用・反作用の法則**：作用には必ず反作用が伴い，2物体が互いに及ぼし合う作用は大きさが等しく逆向きである．

> ここで"作用"や"力"という言葉が出てくる．ニュートンはIの慣性を物質の「固有力」ともよんでいる．これに対するものとしてIIでの「力」は外力であり「外力とは物体の状態を，静止していようと直線上を一様に動いていようと，変えるために，物体に及ぼされる作用である．この力は作用のうちにだけあって，作用が終わればもう物体には残っていない．なぜなら，物体はあらゆる新しい状態をその固有力だけによって維持するものだからである．そして，外力は，打撃からとか，圧力からとか，向心力からとか，さまざまな原因による．」と，明快に述べている．
> （『*PRINCIPIA*』の冒頭，定義iv）

この3つの法則において，**慣性系，慣性質量，運動量**等の概念が導入される．その論理を以下に箇条書き的に示そう．

◆ 慣性系

Iの慣性の法則は，「物体が他から作用を受けないとき，等速度運動または静止している」ことを表すが，これは，そのことを認識する座標系の存在を必要とする．すなわち第I法則は「力を受けない物体が加速度のない運動をしていると観測される座標系が存在する」ことを主張している．第I法則は慣性（座標）系の宣言である．

われわれの生活空間，地表で静止した座標系はほぼ慣性系とみなせる．ある静止した座標系に対して等速度で運動する座標系も慣性系である．どちらの座標系で見ても何の作用も受けていない物体は静止または等速度運動しているか

らである．しかし，静止または等速度運動をしている物体を，この座標系に対して加速度をもって動く座標系で見たとき，その運動は静止でも等速度運動でもない．すなわち加速度をもって運動している座標系は慣性系ではない（非慣性系）．加速度をもって動いている乗り物のなかでの物体の運動は，静止または等速度で運動しているときと異なることは，常に経験していることであろう．地表も厳密には慣性系ではない．地球の自転によって円運動をし，また太陽の周りを公転によって運動しているので加速度をもっているからである．太陽系はまた渦のように運動する銀河系の中にいる．その銀河系は……．こうしていくと完全な慣性系はどこにあるのか？ ニュートン力学の枠内では，絶対的な空間を前提としなければならないのである．

◆ 慣性質量

慣性系を前提にすると，物体の運動は速度 $\vec{v}$ により特徴づけられる．物体はこの等速度運動の状態を保持する性質，慣性をもつと考える．等速度の運動状態を変化させるには外部からの作用が必要である．作用があると運動状態は変わる．しかし，同一の速度をもつ2つの物体に同一の作用が働いても運動状態の変化は必ずしも同じではない．この違いの原因は物体自身にあり，物体による慣性の違いによっている．すなわち，慣性は速度のみで決まるのではない．この慣性の大きさを示すものを質量（慣性質量）m として定義する．この単位は kg である．

力学のテキストでは質量をもつ粒子としてしばしば質点という表現が用いられる．これは運動する物体の大きさ（空間的な広がり）を無視した質量のみをもつ理想的な粒子を表す．一般に有限の大きさをもつ物体の運動では，その併進運動だけでなく，回転運動の自由度も考慮しなければならない．このテキストで取り扱う運動では大きさのある物体の運動（剛体の運動）には触れないので，粒子とよぶときには質点と同義であり，また一般に物体という場合にも運動は併進運動に限るものとしておく．

◆ 運動量と運動方程式

物体の運動状態すなわち慣性を表す量として，速度と慣性質量の積，<u>運動量</u> $\vec{P} = m\vec{v}$ (kg·m/sec) を導入する．第II法則は，この運動量の時間的変化率を与えるもの，すなわち作用を力 $\vec{F}$ として定義する．力 $\vec{F}$ と $\vec{P}$ の関係がニュートンの運動方程式として表される．

$$\vec{F} = \frac{d\vec{P}}{dt} = \frac{d}{dt}(m\vec{v}) = \frac{dm}{dt}\vec{v} + m\frac{d\vec{v}}{dt} \tag{2-1}$$

質量に時間変化がない場合には，

$$\vec{F} = m\frac{d\vec{v}}{dt} = m\vec{a} \tag{2-2}$$

力の単位は kg·m/s²，これを N (*Newton*) とよぶ．

(2-2)式から，運動の加速度ベクトルの方向は作用している力の方向に一致することになる．前節で円運動を考察したが，等速円運動の加速度（向心加速度）は常に中心に向かっていた．すなわち等速円運動はこの加速度の原因となる力，運動する粒子を中心に向かって引く力によって実現しているのである．

(2-2)式によれば，$\vec{F} = 0$ の場合は当然 $\vec{a} = 0$ であり，これは第I法則に相当するので，第I法則は第II法則の特定の場合をいいかえたにすぎないとみえるが，そうではない．第I法則でまず慣性系が定義され，第II法則は「慣性系では運動は $\vec{F} = m\vec{a}$ に従う」ということであり，慣性系においては両者に矛盾がないことを意味している．

◆ 力積

第II法則と等価な表現として(2-1)式の時間積分を表すと

$$\vec{P}(t_2) - \vec{P}(t_1) = \int_{t_1}^{t_2} \vec{F}\,dt \tag{2-3}$$

右辺の力の時間積分は<u>力積</u>とよばれる．すなわち，「<u>運動量変化は力積に等しい．</u>」

◆ 孤立系の運動量保存

　第Ⅲ法則は，力はすべて物体間の相互作用として現れると考えるもので，これも慣性系において成立するものである．（非慣性系では物体間の相互作用以外に力が現れる．）

　2つの物体間の相互作用のほかにはいっさい力が作用していない場合，物体1が2によって受ける作用（力）を$\vec{F}_{12}$，物体2が1から受ける作用を$\vec{F}_{21}$とすると，第Ⅲ法則と等価な表現は：$\vec{F}_{12}=-\vec{F}_{21}$である．これに(2-1)を用いると

$$\vec{F}_{12}+\vec{F}_{21}=\frac{d\vec{P}_1}{dt}+\frac{d\vec{P}_2}{dt}=\frac{d}{dt}(\vec{P}_1+\vec{P}_2)=0 \tag{2-4}$$
$$\therefore \quad \vec{P}_1+\vec{P}_2=const.$$

と表され，「<u>孤立系の運動量は不変量である</u>」ことが結論される．

（2）慣性質量と重力質量

　(2-2)式によって，2つの物体に同じ力が作用したときそれぞれに生じる加速度から，2つの物体の質量の比が決まることになる．質量m_1，m_2の2物体間に同一の力が働くとき，それぞれの得る加速度を$\vec{a}_1$，$\vec{a}_2$とすると，

$$m_1\vec{a}_1=m_2\vec{a}_2, \tag{2-5}$$

これにより1つの物体の質量を基準に選び，加速度の比を測定することにより，一般に物体の質量（慣性質量）を決めることができる．一方，ガリレオの実験によれば，自然落下する物体は異なる質量であっても同じ加速度を得る．このことから地球が物体を引っ張る自然の力，重力は，物体の質量に比例する性質をもつ，という重要な結論が導かれる．

　ところで日常では，バネ秤や天秤を用いて基準のおもりと比較することにより物体の重さを量る．この量もまた物体に固有のものなので重力質量m_gを定義するものと考えよう．バネでおもりを吊るしそのつりあいから決めるので，この質量は慣性質量とは異なる概念である．経験的に，地球がおもりを引く力，

重力, はこの重力質量に比例するので，その比例定数を g とすると，重力 F_g は
$$F_g = m_g g \tag{2-6}$$
である．一方，この物体が真空中を落下する場合，その慣性質量を m_0 とすると，第II法則による運動方程式は鉛直方向を z 軸にとると，
$$m_0 \ddot{z} = -m_g g \tag{2-7}$$
と表される．
$$\ddot{z}(t) = -\frac{m_g}{m_0} g$$
を時間積分すると，
$$\dot{z}(t) = -\frac{m_g}{m_0} g t + v_0, \quad z(t) = -\frac{1}{2}\frac{m_g}{m_0} g t^2 + v_0 t + z_0$$
落下の始点を $z_0 = 0$ にとり，また $t=0$ における初速も $v_0 = 0$ とすると，この解は，
$$z(t) = -\frac{1}{2}\frac{m_g}{m_0} g t^2 \tag{2-8}$$
となる．この結果はガリレオによる測定（物体の落下距離は時間の自乗に比例する）と一致している．また，落下距離が物質によらず常に一定であるという事実は m_g/m_0 の比が常に一定であることを意味する．すなわち $m_g/m_0 = 1$ となるように単位量を選ぶことができる．この両質量の一致は今のところ，実験事実によるまったくの偶然と考えなければならない．

ニュートンの万有引力の仮説は，地球が物体を引く力がその物体の重力質量に比例するという認識から出発している．これを一般化し，2物体の重力質量を m, M, 両者の距離を r として，万有引力 F_g は
$$F_g = G\frac{mM}{r^2} \quad (\text{G：万有引力定数}). \tag{2-9}$$
（万有引力の関係がどのようにして導かれたかの歴史的経緯については，後に紹介する．）これによれば地球の質量を M_g, 半径を R としたとき，重力は
$$F_g = G\frac{mM_g}{R^2} \equiv mg, \tag{2-10}$$
すなわち，**重力加速度** g が万有引力定数により表される．

このように，比例係数 g を重力加速度ととらえることは，ニュートンの万有

引力の仮説が，重力質量と慣性質量とが等しいという主張を含んでいることを意味している．（ここで万有引力は地球の質量がすべて中心にあるとして扱われている．この取り扱いが正しいことは証明することができるが，この点については後述する．）

地表における重力加速度 g は $g \cong 9.8 \mathrm{m/s^2}$ である．実際には地域や海抜によって多少の違いがある．力の単位にニュートン（N）を用いると，1 kg の質量の物体が 1 m/s² の加速度を得るような力が 1 N である．重力加速度の値を考えると，100 g の重さのおもりを地球が引っ張っている力がおよそ 1 N と思えばよい．

（3）重力下での物体の運動

前節で，地表において地球が物体を引っ張る力（重力）および重力加速度を明らかにした．地表からの高さによる重力のわずかな違いや摩擦，空気抵抗の影響等を無視すると，われわれの生活空間での物体の運動は，質量のみに比例する重力の働く場合を考えることになる．そのもっとも単純な運動は自由空間における投射体の運動である．

今，地上の座標原点から上方へ角度 θ の方向に初速度 $\vec{v}_0$ で粒子が投げ出されたとき，その後の粒子の運動を求めよう．水平方向を x，鉛直方向を z 軸にとり，初速度は x, z 面内であるとする．質量 m の粒子の運動方程式はベクトルの表式で，

$$m\ddot{\vec{r}} = -mg\boldsymbol{k} \tag{2-11}$$

$\vec{r} = x\boldsymbol{i} + y\boldsymbol{j} + z\boldsymbol{k}$ を用いると，

$$m(\ddot{x}\boldsymbol{i} + \ddot{y}\boldsymbol{j} + \ddot{z}\boldsymbol{k}) = -mg\boldsymbol{k} \tag{2-12}$$

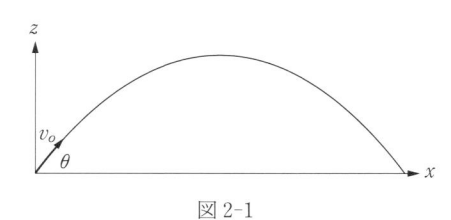

図 2-1

これより成分に分離した運動方程式は，
$$\ddot{x}=0,\quad \ddot{y}=0,\quad \ddot{z}=-g$$
であり，これらを 1 階時間積分すると
$$\dot{x}=v_{0x}=v_0\cos\theta,\quad \dot{z}=-gt+v_{0z}=-gt+v_0\sin\theta \tag{2-13}$$
$t=0$ においてそれぞれ初速の x,z 成分があることを用いている．y 方向には初速度の成分がないので，考慮の必要がない．さらに時間積分すると，任意の時刻における粒子の位置が決まる．
$$x=v_0 t\cos\theta+x_0,\quad z=-\frac{1}{2}gt^2+v_0 t\sin\theta+z_0$$
初期条件，すなわち $t=0$ において $x=x_0=0$，$z=z_0=0$ とするので，結局
$$x(t)=v_0 t\cos\theta \tag{2-14}$$
$$z(t)=-\frac{1}{2}gt^2+v_0 t\sin\theta \tag{2-15}$$
(2-14), (2-15) 式から時間 t を消去すると粒子の運動の軌跡を表す関係が得られる．すなわち (2-14) から
$$t=\frac{x}{v_0\cos\theta}$$
これを (2-15) に代入して
$$\begin{aligned}z&=-\frac{g}{2v_0^2\cos^2\theta}x^2+x\tan\theta\\&=-\frac{g}{2v_0^2\cos^2\theta}\left(x-\frac{v_0^2\sin 2\theta}{2g}\right)^2+\frac{v_0^2}{2g}\sin^2\theta\end{aligned} \tag{2-16}$$
これは下向きに開いた放物線を表している．

以上の一般論をもとにして，任意の高さから自然落下させる場合，初速を与えて投げ上げる場合等々，種々の投射体の問題を解析することができる．

{例題 1} "猿も木から落ちる"

よく知られた問題として，樹上の猿を狙撃する問題がある．

高さ h の木の上に猿がいる．木の位置から距離 L だけ離れた地上から鉄砲でこの猿を撃つ．弾の発射と同時に，猿は舌を出して木から手を離して

図 2-2

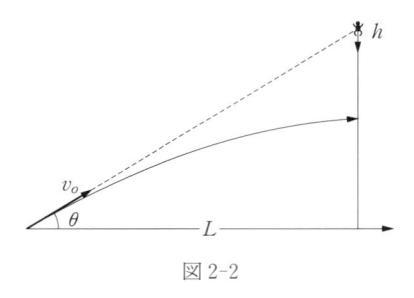

落ちた．このとき弾が猿に命中する条件は？

（解）
打ち出し速度を v_0，その角度 θ は
$$\tan\theta = h/L \tag{1}$$
弾が木に当たるまでの時間は
$$L = v_0 t \cos\theta \quad \text{より}, \quad t = \frac{L}{v_0 \cos\theta}$$
また，このときの弾の高さは (2-16) により
$$z = -\frac{g}{2v_0^2 \cos^2\theta} L^2 + L\tan\theta \tag{2}$$
一方，同じ時間の後の猿の位置 z_s は，高さ h からの自然落下であるから，
$$z_s = h - \frac{1}{2}gt^2 = h - \frac{1}{2}\frac{gL^2}{v_0^2 \cos^2\theta}$$
(1) をこの h に用いると，この z_s は (2) 式と一致する．すなわち，弾は猿に命中している．初速 v_0 を任意に与えているから，結局打ち出し速度によらず，弾は猿に当たる．必ず命中するための条件は，弾が木に届けばよい．すなわち，(2) 式の z が $z \geq 0$ であればよい．これより
$$v_0^2 \geq \frac{gL}{\sin 2\theta}$$

余談：ガリレオの運動論 1

① 自由落下の問題

　ガリレオは「空気の抵抗がないとすると，重い物体でも軽い物体でも高い位置から同時に落下させたとき，重さによらず同時に地面に落ちる」と結論した．この有名な結論は『新科学対話』[1]の第1日で，アリストテレスの落体の学説に対する反論として述べられている．この議論は"真空"の存在を認めるかどうかの議論と結びついていて，「対話」第1日のかなりの部分が"真空"の議論に費やされている．

　ガリレオによる自由落下の法則の認識は「空気摩擦がないとすると」，すなわち「真空なら」という"理想化"によって真の法則的認識に至る，科学的認識上の本質的な方法を展開したものということができる．重い物体を用いるなど近似的には実験ができても，あるいはアリストテレスの学説の論理的矛盾を突くことはできても，真空を証明することは容易でない．しかし，論理的検討から理想状態における真実はこうだと認識することが，本質をとらえることになることを示した画期的なものなのである．

　この第1日の議論を土台にして，物体の自由落下が等加速度運動であるとの結論に進む（対話・第3日）．ここでは有名な斜面を用いた落下の実験が登場する．しかし，もちろんガリレオの段階では重力加速度 g は登場してこない．落下の原因については

　「今ここで自然運動の加速度の原因が何であるかについて研究することは適当でないと思います．これについてはいろいろな学者が種々の意見を提出しており，ある者はこれを中心への引力であるとし，ある者はこれを常に物体のきわめて微小な部分に相互におきる斥力とし，またある者は落体の背後に集積してこれを1つの位置から他へと動かすところの，周囲の媒体の力であると説明しています．これらすべての観念は，その他のものとともに検討を加えねばならないでしょうが，これによって得るところは少ないでしょう．われわれの求めているところは，その原因が何であれ，加速度運動のいくつかの本性を研究し，説明するところにあるのです．」

と述べている．

② 放物体の運動

　『新科学対話』の第4日で「高い塔の上から水平に投げ出した物体の軌道は放物線を描く」ことが示される．もちろんここでも空気抵抗がないとする理想化が前提になっている．この議論の前段階として，対話・第3日で運動の合成の議論がある．これはまた『天文対話』[2]で登場する「全速力で走る船の高いマストの上から石を落

としたとき，どこに落下するか」で有名な話でもある．すなわち，放物体の運動は，水平方向への一定速度の運動と，鉛直方向への等加速度自由落下の合成であり，その結果が放物線を描くという分析を展開している．この分析はまたベクトルの合成の基礎を与えている．

　もちろんこの時代にはまだ，(2-16)式で一般的に表されるような2次方程式で放物線を表すという数学的方法はなかった．放物線は幾何学では直円錐の斜面に平行な遮断面が描く曲線によって定義されていたもので，これと放物体の軌跡が幾何学的に一致することを示したのである．

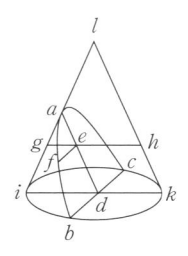

1）ガリレオ・ガリレイ『新科学対話』今野武雄・日田節次訳，岩波文庫．
2）ガリレオ・ガリレイ『天文対話』青木靖三訳，岩波文庫．

（4）抵抗のある場合の運動**

　前節の投射体の運動では空気による抵抗を無視した理想的な場合を扱ったが，実際には抵抗を無視することはできない．抵抗の効果まで含めた場合，ニュートンの運動方程式はどこまで有用であろうか．ここでは議論を一歩高めて摩擦抵抗の問題をとりあげよう．空気中を飛行する物体や水の中を運動する物体の運動には，空気や水との摩擦抵抗があり，物体に働く抵抗力は運動の速度ベクトルの逆方向に作用する．この抵抗力は種々の実験的経験から，物体の速度があまり大きくない範囲で，速度の1次に比例する項と2次に比例する項，

$$F = av + bv^2 \qquad (2\text{-}17)$$

によって近似できる．速度の1次に比例する抵抗は粘性抵抗，2次に比例する抵抗は慣性抵抗とよばれている．比例係数 a, b は空気や水等媒質の粘性率や密

度，運動する物体の大きさや形状に依存する量であるが，これらの詳細は流体力学に譲りここではその内容には触れない．粘性の大きな流体中を小さい物体がゆっくり運動する場合は粘性抵抗が寄与する．ボールが空気中を飛ぶ場合は慣性抵抗が主に効くことが知られている．そこで，この2項について簡単な場合の運動を求めてみよう．

(a) 重力下での粒子の自然落下

① ［速度に比例する抵抗力の場合］

運動方程式は1次元で

$$m\dot{v} = -mg - mkv \quad (a \equiv mk \text{ と表した}) \tag{2-18}$$

この運動方程式の解を求める前に，運動の性質を検討してみよう．落下速度が速くなるとこれに比例して抵抗力が大きくなる．どんどん速くなってくるとやがて重力と抵抗力がつりあって，一定の速度に到達することが想像できる．そのときには加速度がゼロとなるので，(2-18) 式から，

$$v_0 \equiv v = -g/k \tag{2-19}$$

と，一定の速度が得られる．このような解が得られることが，一定速度が実現することを示している．この速度は自然落下の**終端速度**とよばれる．

(2-18) の型の微分方程式の一般解は，

$$v(t) = A\exp(-\gamma t) + B$$

の型の解を仮定し，これを (2-18) に代入して得られる代数方程式が時間によらず成り立つための条件から A, B, γ を決めることにより求められる．すなわち，

$$\dot{v} = -\gamma A \exp(-\gamma t)$$

を (2-18) に用いて，

$$\gamma = k, \quad B = -\frac{g}{k}$$

$t = 0$ で $v = 0$ すると，$A = \dfrac{g}{k}$ となり，結局，

$$v(t) = \frac{g}{k}(e^{-kt} - 1) \tag{2-20}$$

これを積分して，任意の時刻における位置は ($t=0$ で $z=0$)，

$$z(t) = \frac{g}{k^2}(1-e^{-kt}) - \frac{g}{k}t \tag{2-21}$$

これで完全な解が得られた．

② ［速度の自乗に比例した抵抗力の場合］

運動方程式は (2-18) と同様であるが，運動が上向きか下向きかに注意を要する．

$$m\dot{v} = -mg \pm mkv^2 \tag{2-22}$$

ここで ＋：下向き，－：上向き．

自然落下（下向き）の場合の終端速度は $v_0 = \sqrt{g/k}$ となる．

一般解はやや煩雑なので，自然落下の場合を簡単に記しておく．終端速度を用いると運動方程式は，

$$\frac{dv}{dt} = -\frac{g}{v_0^2}(v_0-v)(v_0+v)$$

両辺の逆数を表すと，

$$\frac{dt}{dv} = -\frac{v_0}{2g}\left(\frac{1}{v_0-v} + \frac{1}{v_0+v}\right)$$

両辺を v で積分して，

$$t = -\frac{v_0}{2g}\log\left|\frac{v_0+v}{v_0-v}\right| + C$$

$t=0$ で $v=0$，またこのとき常に $v<v_0$ であることから，

$$v(t) = -v_0 \frac{1-e^{-2gt/v_0}}{1+e^{-2gt/v_0}} \tag{2-23}$$

これで任意の時刻における速度が得られ，解は厳密に解けたことになる．

(b) 抵抗のある場合の投射体の運動

前節で議論したのと同様，x-z 面内で原点からの投射を考える．抵抗が速度に比例する場合の運動方程式は，ベクトルの関係を成分に分離できて，

$$\dot{v}_x = -kv_x$$
$$\dot{v}_z = -g - kv_z$$

と表せる．これらは(a)の場合と同様にすぐ解を求めることができる．初速の x,

z 成分を v_1, v_2 とすると

$$v_x(t) = v_1 e^{-kt}, \quad v_z(t) = -\frac{g}{k} + \left(\frac{g}{k} + v_2\right)e^{-kt}. \tag{2-24}$$

次に抵抗が速度の自乗に比例する場合を考えよう．抵抗力は速度ベクトルの逆方向に働くことに注意する．すなわち，そのベクトルは $-mkv\boldsymbol{v}$ と表される．したがって，運動方程式は，

$$m\frac{d^2x}{dt^2} = -mkv\frac{dx}{dt}$$

$$m\frac{d^2z}{dt^2} = -mg - mkv\frac{dz}{dt}$$

となる．これらはそれぞれが独立でなく v を介してリンクしているので，これまでのようには解くことができない．ここに至ってもはやニュートンの運動方程式は解析的（analytical）に解を求めることができないことになった．

このような場合にも計算機の力を借りれば数値的（numerical）に解を求めることができる．ある時刻における速度と位置が初期条件として与えられると，運動方程式からその時刻における加速度がわかる．これらを用いて短い時間 Δt 後の速度と位置が，

$$\begin{aligned} v_i(t+\Delta t) &= v_i(t) + a_i(t)\Delta t \\ x(t+\Delta t) &= x(t) + v_x(t+\Delta t)\Delta t \\ z(t+\Delta t) &= z(t) + v_z(t+\Delta t)\Delta t \end{aligned} \tag{2-25}$$

と求められ，これを順次繰り返すこと（iteration）によって任意の時刻における解が決定される．Δt を限りなく小さくすることによって精度が改善される．

運動方程式を解析的に解くことを考える範囲では，解が求められるケースは簡単な場合に限られる．しかし，計算機を用いた数値計算によると，近似的ではあれきわめて多様な力による運動が求められ，その意味ではニュートンの運動方程式の威力は絶大であり，計算機の発達によって古典力学に対しても可能性が著しく拡大されたということができる．

演習問題 II

(1) ボールを鉛直方向真上に初速 v_0 で打ち上げる．最高到達位置の高さと落ちてくるまでの時間を求めよ．

(2) キャッチャーフライを打ち上げてからキャッチャーが捕球するまでに 8 秒かかった．打ち上げ時のボールの初速と最高到達位置の高さを求めよ．

(3) 高さ h の位置からボール A を自然落下させる．同時にその真下の地面からボール B を初速 v_0 で真上に投げ上げる．A と B が出会うまでの時間，および出会う時の高さを求めよ．また地面に落下するまでに出会うための条件を求めよ．（重力加速度は g とする．）

(4) 2 打席連続で外野席の同じ観客の頭に打球が落ちた．バッターボックスからこの観客までの距離は 120 m であった．A の打球の滞空時間は 4 秒，B のは 5 秒であった．それぞれの打球の初速度は何 km/hour か，またその地表からの角度は？

*(5) 高い木の立っている位置から距離 L 離れた地点で，木に向かって石を初速 v_0 で投げる．このとき石が木に当たる最大の高さを求めよ．

*(6) 地上 ($z=0$) から質量 m の物体を真上に初速 v_0 で投げ上げる．速度に比例した空気抵抗 (mkv) が働くとする．この物体の最高到達点の高さと，そこに至る所要時間を求めよ．

第III章
種々の拘束のある運動

物体が斜面を滑る場合，糸などで吊るされて運動する場合，バネに結びつけられている場合など，種々の状況での運動を検討しよう．前章3節で取り扱った重力下での投射体の運動と異なり，これらの場合は物体に重力以外に運動を制約する力がある．バネによる運動や振り子の運動を含めて，これらは広い意味で拘束のある運動である．種々の力のベクトルの相互関係を分析して運動を解析することになる．

（1）簡単な拘束運動

(a) 斜面上の運動

水平面に対して角度 θ だけ傾いた斜面上の小物体の運動を考える．斜面は滑らかで摩擦はまったくないとする．この場合，質量 m の小物体に働いている力は鉛直下向きに大きさが mg の重力と斜面が小物体に及ぼす抗力 $\boldsymbol{N}$ である．重力のベクトルを斜面に垂直な方向と斜面に沿った方向に分解すると，第Ⅰ章3節で述べたように，斜面に垂直な方向の成分は，斜面が小物体を押す力：垂直抗力 $\boldsymbol{N}$ とつりあうことによって，斜面上での運動（拘束運動）が実現する．これによって運動は斜面に沿った方向のみとなり，力 $mg\sin\theta$ を受けた1次元座標上での運動に帰着される．斜面に沿って上向きに x 軸をとって運動方程式を表すと，

$$m\ddot{x} = -mg\sin\theta \tag{3-1}$$

となる．これは，自然落下運動の重力加速度 g が $g\sin\theta$ に変化したものと見ることができ，したがって (2-7) と同じようにすぐに積分することができ，運動は決定できる．

斜面に摩擦がある場合の運動では，第Ⅰ章3節で触れたように，垂直抗力と動摩擦係数に比例した摩擦力が運動の反対方向に作用する．この斜面の運動の場合には，垂直抗力 $N(=mg\cos\theta)$ は一定であり，動摩擦係数 μ' が定数である限り，運動方程式

$$m\ddot{x} = -mg\sin\theta + \mu' mg\cos\theta = -mg(\sin\theta - \mu'\cos\theta) \tag{3-2}$$

は (3-1) と同じく，見かけ上質量が変化した物体の1次元での自由運動になる．

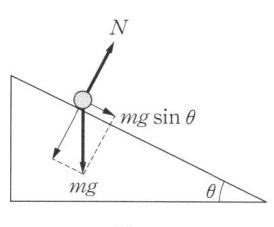

図 3-1

ここで，運動が静止した瞬間に動摩擦係数は意味をもたなくなることには注意を要する．

(b) 張力のある運動

図 3-2 のように，質量 m と M の 2 つの小球が軽い糸でつながれて自由に回転する滑車に吊るされている．この両球の運動を考えよう．鉛直下向き方向を z 軸にとる．小球には重力の他に糸が上向きにひく力，張力（T）が働く．それぞれの運動方程式を書くと，

$$m\ddot{z} = mg - T \tag{3-3}$$

$$M\ddot{Z} = Mg - T' \tag{3-4}$$

糸が伸び縮みしない限り，$T = T'$ であり，また $\ddot{z} = -\ddot{Z}$ である．これがこの場合の拘束条件である．

ゆえに，(3-3) 式は

$$-m\ddot{Z} = mg - T' \tag{3-5}$$

(3-4) 式と (3-5) 式の差をとると，

$$(M + m)\ddot{Z} = (M - m)g$$

$$\therefore \quad \ddot{Z} = \frac{M - m}{M + m} g$$

これより糸の張力がわかり，また時間積分することにより，両球の運動が求ま

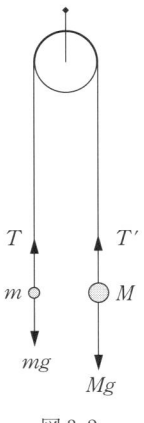

図 3-2

る．ここで，$T = T'$ の拘束条件があるのは糸および滑車の質量を無視しているからであることに注意を要する．質量がないことにより慣性をもたないので，糸は単に2つの小球をつないでいるだけ，滑車は力の方向を変えているだけの役割をしているからである．糸や滑車に質量があると，その慣性により2つの張力が外力となってその運動が決まる．この場合には $T = T'$ とはならない．

{問1}
　図 3-3 のように滑らかな水平台上の質量 m の物体 A に，質量 M の物体 B が軽い糸でつながれ，B は台の端から鉛直下方に吊るされている．時刻 $t = 0$ で物体 A を離した後，時刻 t における A と B の位置と速度を求めよ．

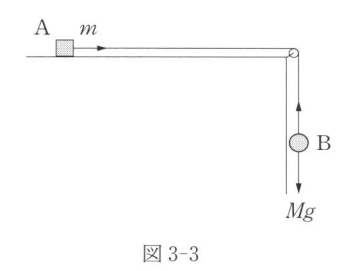

図 3-3

（2）バネによる振動

　軽いバネにおもりをつけて振動させる．このときおもりにはバネの伸び（縮み）にともなって押し戻す力が働く．もっとも簡単な場合は，この復元力がバネの自然長からの伸び（縮み）に比例する場合である．このような場合の振動運動は**調和振動**（Harmonic Oscillation）とよばれる．バネに限らず弾性体での伸び（歪み）と力が比例するのは**フックの法則**（*Hooke* 1635-1703）とよばれる．

　いま，滑らかな水平台の上に軽いバネの一端が固定されてあり，他端に質量 m のおもりをつけて振動させる．バネによる復元力 F が伸び x に比例し，その比例定数（バネ定数）を k とする．復元力は伸びと反対の方向に働くから，$F = -kx$ で，おもりの運動を表す運動方程式は，バネの自然長の位置を原点に

余談：ガリレオの運動論 2

斜面を滑り落ちる物体の運動

　ガリレオの時代に (3-1) 式のような運動方程式を解くという数学的方法はもちろんなかった．その時代にガリレオはどのようにして斜面落下の運動を理解したのだろうか．『新科学対話』の第 3 日で，斜面を落下する物体の運動について詳細な分析を展開している．

　まずはじめに，等速度運動と等加速度運動を定義する．物体の落下は，鉛直方向への自由落下もまっすぐの滑らかな斜面でも傾きによらず，落下は等加速度運動であることを述べる．ここで斜面落下の有名な実験に触れていることは，前章の最後に紹介した．

　さて，ここからの展開をここでは以下の 3 つの証明問題として紹介しておこう．

1．斜面上の自由落下の距離は時間の自乗に比例する．
2．一定の高さの点から同一の物体を，鉛直および種々の傾きの斜面上に沿って，同時に落下させたとき，同一の時間に到達する点は，図 3-4 のように，鉛直線の高さを直径とする円周上をなす．
3．一定の高さの点から，種々の傾きの斜面に沿って物体を落下させたとき，最下点での物体の速度は斜面の傾きによらず同じである．

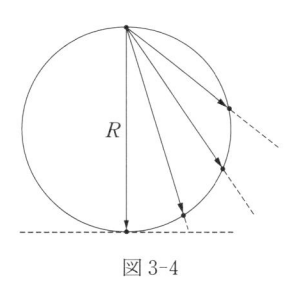

図 3-4

　これらの，運動方程式を用いない幾何学的な方法による論理的な証明は，どのように展開できるのか，詳細は **Appendix**(3) で示すことにしよう．

図 3-5

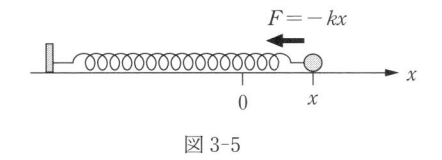

選ぶと，
$$m\ddot{x} = -kx \tag{3-6}$$
と表される．この式を
$$\ddot{x} = -\frac{k}{m}x = -\omega^2 x : \omega = \sqrt{k/m} \tag{3-7}$$
と書き直すと，この一般解は三角関数で表すことができる．このことはすでに第Ⅰ章5節で円運動の加速度(1-27)式を求めたときに理解していることである．sin でも cos でも微分を2回繰り返すと元に戻るからである．(3-7)式の一般解を
$$x(t) = A\sin(\omega t + \alpha) \quad \{ \text{ or } A\cos(\omega t + \beta) \} \tag{3-8}$$
と表そう．ここで A と $\alpha(\beta)$ は初期条件によって決まる積分定数で，A は振動の最大振幅，$\alpha(\beta)$ は初期位相を表す．初期位相の選び方によって sin, cos のいずれでも表すことができる．(3-8) を1階時間微分すると
$$\dot{x}(t) = A\omega\cos(\omega t + \alpha) \quad \{ -A\omega\sin(\omega t + \beta) \} \tag{3-9}$$
で，これは速度である．さらにもう1階微分して加速度を表すと，
$$\ddot{x} = -A\omega^2\sin(\omega t + \alpha) \quad \{ -A\omega^2\cos(\omega t + \beta) \} \tag{3-10}$$
で，微分方程式 (3-7) を満たすことはすぐにわかる．sin, cos の線形結合，
$$x(t) = A\sin(\omega t + \alpha) + B\cos(\omega t + \beta) \tag{3-11}$$
もまた (3-7) の解である．

　この解から，ω はこの振動の角振動数であることがわかる．(3-7) で表されるバネの運動は，等速円運動する粒子を x 軸上に射影した運動に他ならないわけである．振動の周期 T（一回の振動の時間）は，等速円運動の一回転の時間に相当するから，
$$T = 2\pi/\omega \tag{3-12}$$
である．

{例題1}

　滑らかな水平の台の上のバネ振子（図3-5）を，自然の長さから L だけ引っ張って離した後の任意の時刻における位置を求めよ．

（解）

　自然長の位置を $x=0$ として，一般解は(3-8)である．初期条件，$t=0$ において，速度はゼロであるから，(3-9)式から，
$$\cos\alpha = 0,$$
すなわち，初期位相 α は $\pi/2$ である．そのうえで，(3-8)から，
$$A\sin\alpha = A = L$$
したがって，$x(t) = L\sin(\omega t + \pi/2) = L\cos\omega t$．

　次に，同じバネを鉛直に吊るした場合を考えよう．鉛直下方を z 軸にとる．バネのみの自然長の位置を $z=0$ とする．運動方程式は
$$m\ddot{z} = mg - kz = -k\left(z - \frac{mg}{k}\right) \tag{3-13}$$
すなわち，この場合はバネの復元力の他に重力が働いている．

　ところで，おもりがつり下げられて静止している場合を考えよう．この場合，いうまでもなく $\ddot{z}=0$ であり，したがって $mg - kz = 0$．ゆえにこのとき
$$z = z_0 = \frac{mg}{k} \tag{3-14}$$

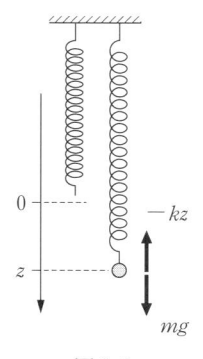

図 3-6

これは静止しているときのおもりの位置である．この z_0 を用いると運動方程式は
$$m\ddot{z} = -k(z-z_0)$$
$z-z_0=z'$ と置くと，上式は $m\ddot{z}'=-kz'$ となり，(3-7) 式と同じになる．したがって，一般解は
$$z'(t) = A\sin(\omega t + \alpha)$$
$$z(t) = z_0 + z'(t) = \frac{mg}{k} + A\sin(\omega t + \alpha) \tag{3-15}$$
となる．つりあいの位置を中心にした振幅 A の振動であることがわかる．

　以上のようなバネの振動に対して，バネを置いている水平台との摩擦や空気の抵抗などはいっさい無視している．この限りではバネの振動は無限に継続する．抵抗のある場合にはいうまでもなく振動は減衰する．このときは抵抗による力の項が加わった運動方程式を解くことになるが，この問題はここでは立ち入らず後の章で触れることにする．

（3）単振子の運動

　糸でつるした振子の運動を考えよう．図 3-7 のように，軽い糸で繋がれた質点が鉛直面内で振動するとき，これを単振子という．質点の運動は糸の長さ l を半径とする円周上であることはすぐわかるが，第 I 章で示したような等速円運動ではない．運動は 1 次元ではないので，運動方程式を解くためには加速度を成分に分解する必要がある．質点に働く力を考慮すると，加速度を運動の軌跡の接線方向成分と法線方向成分に分けるのが適している．
　第 I 章 5 節で取り扱った円運動を，角速度 $\omega\ (=\dot{\theta})$ が一定でない場合に拡張してみる．速度の x, y 成分は (1-25) 式で
$$v_x = -r\dot{\theta}\sin\theta, \quad v_y = r\dot{\theta}\cos\theta \tag{3-16}$$
これをさらに時間微分して加速度の成分を書くと，
$$a_x = -r\ddot{\theta}\sin\theta - r\dot{\theta}^2\cos\theta$$
$$a_y = r\ddot{\theta}\cos\theta - r\dot{\theta}^2\sin\theta \tag{3-17}$$

これらから加速度ベクトルを表すと，
$$\vec{a} = r\ddot{\theta}(-\vec{i}\sin\theta + \vec{j}\cos\theta) - r\dot{\theta}^2(\vec{i}\cos\theta + \vec{j}\sin\theta) \qquad (3\text{-}18)$$
ここでそれぞれの項の括弧の部分は，図 3-8 で示したような方向の単位ベクトル $\hat{\boldsymbol{a}}_t$, $\hat{\boldsymbol{a}}_n$ であることがわかる．これらはそれぞれ加速度の接線成分と法線成分の単位ベクトルである．結局，円軌道を運動する粒子の加速度は
$$\vec{a} = r\ddot{\theta}\hat{\boldsymbol{a}}_t - r\dot{\theta}^2\hat{\boldsymbol{a}}_n \qquad (3\text{-}19)$$
となる．角速度 $\dot{\theta} = \omega$ が一定の場合には第 I 章 5 節の向心加速度 $r\omega^2$ に帰着する．

さて，振子の運動（図 3-7）は質点に働く重力のほかに糸の張力を受けた拘束運動である．糸の長さを l として，運動方程式を接線成分と法線成分に分けると，(3-19) により，
$$\text{接線成分：} ml\ddot{\theta} = -mg\sin\theta \qquad (3\text{-}20)$$
$$\text{法線成分：} ml\dot{\theta}^2 = T - mg\cos\theta \qquad (3\text{-}21)$$
ここで，T は糸の張力を表している．
(3-20) は，
$$\ddot{\theta} = -\frac{g}{l}\sin\theta \qquad (3\text{-}22)$$
となる．

さて，ここでまず角度 θ が十分に小さい微小振動の場合を考えよう．このとき $\sin\theta \approx \theta$，したがって，(3-22) は

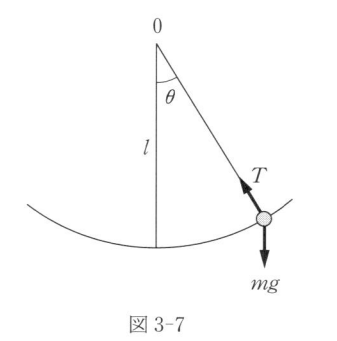

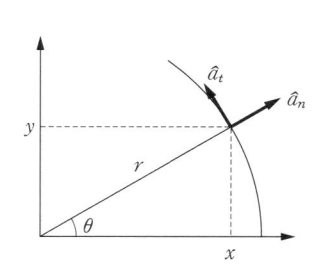

図 3-7

図 3-8

$$\ddot{\theta} = -\omega^2 \theta \quad (\omega = \sqrt{g/l}) \tag{3-23}$$

で，θ に関する単振動の方程式となる．前節の結果，(3-7),(3-8) により，

$$\theta(t) = \theta_0 \sin(\omega t + \alpha)$$

の一般解が得られる．振子の振幅が小さい範囲では振動周期 T が定数として決まり

$$T = \frac{2\pi}{\omega} = 2\pi\sqrt{l/g} \tag{3-24}$$

これはボルダ振子の実験でよく知られ，重力加速度の測定に用いられる．

さて，一般に (3-20) を解く，すなわち積分することを考えよう．残念ながらこの方程式は解析的に解を求めることができない．このため，振動の振れ角が小さくない一般の場合の振動周期はすぐには得られない．これについては次頁の"余談"と **Appendix**(4) で触れることにする．しかし，周期がすぐには求められなくても，運動方程式を1階時間積分することによって，振動の速度を理解することができる．

ここで，質点の速度と角速度の関係，

$$v = l\dot{\theta}, \quad \dot{v} = l\ddot{\theta} \tag{3-25}$$

を用いると，(3-20) は，

$$m\dot{v} = -mg\sin\theta$$

この運動方程式を積分するには，常套手段として両辺に速度をかける．(3-25) を用いて，

$$v\frac{dv}{dt} = -gl\sin\theta\frac{d\theta}{dt}$$

時間積分すると，

$$\frac{1}{2}v^2 = gl\cos\theta + const.$$

$\theta = 0$ で初速 v_0 が与えられたとすると

$$v^2 = v_0^2 - 2gl(1 - \cos\theta) \tag{3-26}$$

と，速度に関する解が得られる．

運動方程式の両辺に速度をかけて積分して得られる関係は，第 V 章でエネルギーを論じる際に重要な役割を演じる．そのときに (3-26) にももう一度触れる．

一方，法線方向の式 (3-21) はすでに微分方程式ではなくなっていて，円運動の向心力に関するつりあいを表している．この式に (3-26) を用いると，糸の張力が得られる．

余談：*ガリレオの運動論 3*

振子の等時性

　ガリレオは「振子の等時性」を発見したといわれている．ピサの斜塔の隣にある立派な寺院の天井に懸かっている大きなランプが揺れるのを観察して，往復の時間が振れの幅によらないことに気づいた，という話である．

　3 節で求めた結果によると，小さい振幅の振子の周期は (3-24) 式で決まるが，振幅が大きくなるとこの結果は正しくない．ガリレオは振子の等時性を発見したとされるが，振れ幅によって厳密に一定ではないことに気づいている．『天文対話』の第 2 日に振子の議論が出てくる．

　　「(振子の周期は，鉛直の位置からおもりを) 多く引き離すか少なく引き離すかということはまったく重要ではありません．というのは，同じ振子はいつでも同じ時間で，その振幅が大きくても小さくても，すなわち振子を垂直から大きくあるいは小さく離しても往復するのですから，そしてその時間はまったく等しいことはなくても，ほとんど気づかれぬほどのちがいです．」

　振子の周期を求めることに繋がるガリレオの厳密な議論が 46 頁で紹介した「対話」第 3 日の斜面の落下運動の発展として出てくる．それは，その証明問題 2 にもとづく．図 3-4 の上下を逆にして図 3-9 のようにすると，円周上の各点を出発点として斜面を落下する物体が最下点に達する時間は同一であることがわかる．すなわちこの円の半径を振子の長さとして，おもりが弧のかわりに弦を左右に行き来する振

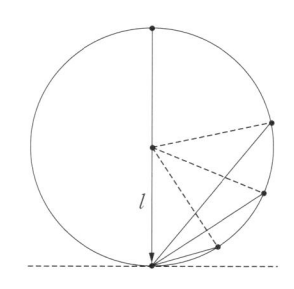

図 3-9

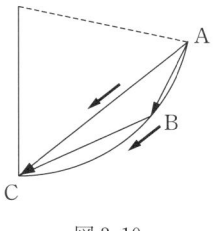

図 3-10

動を考えると，その周期は振幅によらず一定となる．その周期の4分の1が円の真上から鉛直に自然落下する時間になるから，周期を計算すると

$$T = 8\sqrt{l/g} \quad (l \text{ は円の半径で振子の長さ}) \tag{3-27}$$

となる．これと (3-24) を比べると，$8/2\pi \cong 1.27$ 倍長いことがわかる．

　ガリレオはさらに，弦に沿っての落下よりも対応する弧に沿った落下の方が速いことを論じる．それは図 3-10 にあるようにまず，A から弦 AC を落下する時間より，2つの弦 AB-BC を経る落下時間の方が短いことを示すことから展開していく．この証明はいささか冗長になるので，ここでの紹介は省略しよう．ガリレオの議論はここまでである．

　これから，弧に沿った振子の振動周期は (3-27) よりも速いことはわかったが，振幅が小さい時の周期 (3-24) と比べてどうなるのだろうか．結論をいえば，一般に大きな振幅での振子の周期 T_0 は (3-24) よりも大きく (3-27) よりも小さい，すなわち

$$2\pi\sqrt{l/g} < T_0 < 8\sqrt{l/g} \tag{3-28}$$

となる．これを示すには，$\sin\theta \approx \theta$ の近似を用いず運動方程式の解を検討しなければならない．これはまた **Appendix**(4) に譲ることにする．

　それでは，振幅の大小によらず完全に等時性をもつ振動はありうるのか，あるとすればどのような振動になるだろうか．それは**サイクロイド振子**とよばれ，ホイヘンス（『振り子時計』1673）によって示されたとされている．これもまた，興味のある読者は **Appendix**(4) を参照していただきたい．

余談の余談

　前章のこの余談のコーナーで，ガリレオの"理想化"の本質的な役割について触れた．振子の運動の議論においてもこの"理想化"が前提となっていることはいうまでもない．すなわち，空気の抵抗がないとしたとき，振子は一定の周期で永遠に振動を続けると考えた．が，ガリレオはそれだけでなくさらにおもしろい点を議論している．それは『天文対話』の第2日にでてくる．

「いや，空気の障害がまったく取り去られてもその運動は永遠にはつづきません．というのは，まだ他にももっとどうしようもない障害がありますから．」
という．そしてこれが，振子のおもりを吊るしている紐の重さによることを図 3-11 のような絵を用いて示すのである．長さの短い振子の周期は小さく，紐の途中に別のおもりがついていると，異なる周期の振動が障害として働く．紐の重さの効果をこのようなモデルによって説明している．すなわち，振子の永久振動は，紐の重さを無視するというもう 1 つの "理想化" が前提となっていることを気づかせる．

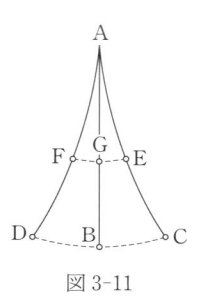

図 3-11

演習問題III

(1) 水平な床面に対して角 θ の傾きをもつ滑らかな斜面がある．この斜面上の床面から高さ h の位置から質量 m の小さい物体を自然落下させる．物体が床面に到達するまでの時間と到達時の速度を求めよ．この速度と，同じ高さを鉛直に自然落下させたときの速度を比較せよ．

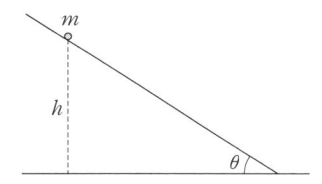

(2) 上と同じ斜面において，物体を床面から斜面に沿って初速 v_0 で打ち出したとき，最高到達点の床からの高さを求めよ．

(3) 図のような傾き角 θ の斜面のある台の水平台上に質量 m の物体を，また斜面上に質量 M の物体を置き，両者を軽い糸でつなぐ．はじめに m を静止させていた手を放す．台の面と物体の間に摩擦はないとする．
・2つの物体の運動方程式を書け．
・M の加速度と糸の張力を求めよ．

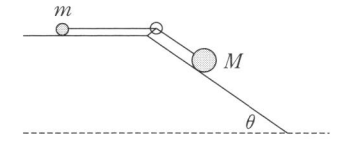

(4) 図3-2の装置で，はじめ2つのおもりが同じ高さになるように一方のおもりを支えているとする．時刻 $t=0$ に手を離してから t 秒後における2つのおもりの高さの差はどれだけか．

(5) バネ定数 k のバネにおもりをつけて吊るしたとき，その振動周期 T は，平衡位置の伸びのみで決まることを示せ．軽いバネにおもりをつけて吊る

したら 10 cm 伸びた．この振動周期は？

(6) バネ定数が k の軽いバネを鉛直に吊るす．バネの下端の位置を $z=0$ とする．この下端に質量 m のおもりをつけて，その位置から $t=0$ で静かに離した後のおもりの位置，振動の振幅，最下端の位置を求めよ．

(7) x, y 面内で，質点 m に $\vec{F} = -m(a^2 x \bm{i} + b^2 y \bm{j})$ $(a, b>0)$ の力が働く．この質点を原点から初速 (v_1, v_2) (共に正) で発射する．
　① $a=b$，② $a=2b$ の各場合について，運動の軌跡を求め図示せよ．

(8) 軽い糸におもりをつけて振子にする．この振子を鉛直平面内で小さい角度で振動させるとき，1 回の振動が 2 秒になるようにするには，振子の長さをどれだけにすればよいか．

第IV章
万有引力とクーロン力

現代の物理学において，自然に存在する「力」として認識されているのは，質量を持つすべての物質の間に働く万有引力，原子核や電子のように正負の電荷量をもつ粒子間に働くクーロン力，および原子核内での"強い相互作用"と"弱い相互作用"とよばれている力の4つである．このテキストで扱っているような巨視的な現象では，万有引力とクーロン力のみがかかわる．物体を押したりボールを投げたりといったふつうの生活空間で慣れ親しんでいる力も，もとをたどればすべてこの2つの力に還元される．何よりも特徴的なのは，これら2つの力がともにいわゆる距離の逆自乗則に従うことである．物体同士が直接接触して力が働くのみならず，粒子間に遠隔作用としての力が働く．2つの力はまったく異質のものであるにもかかわらず，同じ距離依存性をもつのはなぜなのか，また，遠隔作用を媒介する空間とはいったい何なのかといった疑問はニュートン以来現代にまで引き継がれた大きな課題なのである．
　ここではこの2つの力について，簡潔な紹介をしておくことにしよう．

（１）万有引力

　ニュートンが万有引力を導く基礎になったもっとも重要な発見は惑星の運動についての次の3つからなる**ケプラーの法則**である．
(1)　惑星の軌道は太陽を1つの焦点とする楕円である．
(2)　惑星の太陽に対する面積速度は一定である．
(3)　惑星の公転周期の自乗は楕円軌道の長径の3乗に比例する．

　ケプラーがこの法則を結論したのは，コペルニクスによる惑星の公転周期の決定と，ティコ・ブラーエによる20年を越える長期間に蓄積した惑星の位置の観測データがもとになっている．

（検討課題）
　1．コペルニクスは，惑星（金星や火星）の軌道半径と公転周期をどのようにして求めたのか．
　　（**Appendix**(5)）
　2．ケプラーは，地球と火星の軌道をどのようにして求めたのか．
　　（これは他の参考書に譲ろう．たとえば朝永振一郎著『物理学とは何だろうか』岩波新書・上巻1章）

　ケプラーの第3法則は，求めた各惑星の軌道半径とコペルニクスによる公転周期との関係から演繹したものである．図4-1に水星から冥王星までの9つの惑星の軌道長半径 r と公転周期 T をそれぞれ対数軸とって関係を表してある．直線の傾きは正確に1.5を示し，$T \propto r^{3/2}$ になっていることがわかる．縦軸，横軸とも地球の値を1とした単位：AU (astronomic unit) で表されている．

　さて，これらをもとにしてニュートンが万有引力の法則に至った筋書きを見てみよう．"月はなぜ落ちないか"という疑問についての考察は序章で紹介したが，ここではもう一歩厳密な議論を展開する．

　今，惑星の軌道を円軌道に単純化する（円は楕円の長径と短径が等しい場合）．円

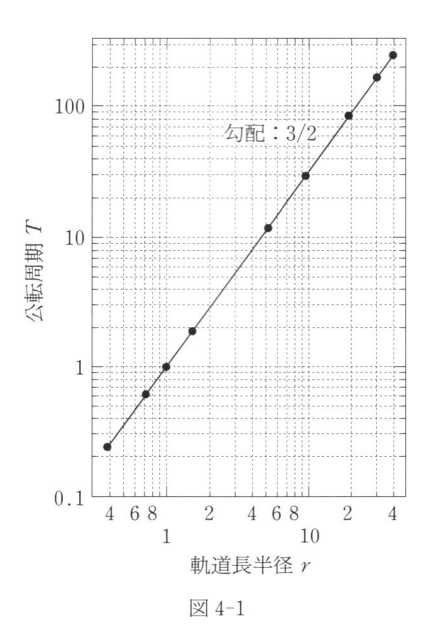

図中: 勾配：3/2
縦軸: 公転周期 T
横軸: 軌道長半径 r

図 4-1

軌道運動の加速度の大きさは (1-28) により

$$a = \frac{v^2}{r} = \frac{4\pi^2 r}{T^2}, \quad \text{ここで } T \text{ は公転周期で } v = 2\pi r/T \text{ である．}$$

したがって，惑星の質量を m とし，太陽による引力 F をこの円運動の向心力と考え，運動方程式を書くと，

$$F = ma = m\frac{4\pi^2 r}{T^2} \tag{4-1}$$

これに，ケプラーの第3法則 $r^3/T^2 = K$（K は比例定数）を用いると向心力の大きさは

$$F = \frac{4\pi^2 K m}{r^2} \tag{4-2}$$

となるはずである．すなわち，太陽と惑星間の引力は両者の間の距離 r の自乗に反比例し，惑星の質量に比例しなければならない．ところでこの太陽の周りの惑星の運動を，惑星の側から観測すると，惑星の周りを太陽が同じ周期で円運動しているから，両者の間の力は，太陽の質量を M とすると (4-1), (4-2) と同じように

$$F' = \frac{4\pi^2 KM}{r^2} \tag{4-3}$$

と表されなければならない．ニュートンの第3法則，作用・反作用の法則によればこの2つの力の大きさは等しい．このことから，引力は m と M の双方に比例するはずであると結論づけられる．

以上の考察にもとづいて，地上での重力の性質や，種々の惑星の運動をすべて矛盾なく説明するものとして，万有引力が提案された．すなわち，すべての質量をもつ物体間には

$$\vec{F}_G = -G\frac{Mm}{r^2}\hat{r} \tag{4-4}$$

の力が働く．$\hat{r}$ は単位ベクトルで，一方の物体（たとえば質量 M の太陽）の中心を座標の原点とし，負号とあわせて引力を表す．G は万有引力定数（6.6732×10^{-11} N·m²/kg²）である．この万有引力を実際に地上で測定し G を決定しようとした実験として有名なキャヴェンディッシュ（*Cavendish* 1731-1810）の実験がある．

太陽（質量 M）を原点として，惑星（質量 m）の運動の方程式は，他に働く力がない場合，

$$m\ddot{\vec{r}} = \vec{F}_G = -G\frac{Mm}{r^2}\hat{r} \tag{4-5}$$

である．3次元空間でこの運動方程式を解くのは，極座標表示を用いなければならず数学的取り扱いがやや煩雑になる．この解，楕円軌道については第VII章まで待つことにするが，このニュートンの運動方程式からケプラーの3法則が完全に導かれることは驚嘆に値する．

ここでは，地球の周りを回る月や人工衛星等が完全な円軌道をとると考えた場合だけを考察しよう．

第I章で等速円運動の速度，加速度を求め，加速度が常に軌道の中心に向かう向心加速度となることを示した．力は常に中心に向かって働いているのでニュートンの運動方程式 (4-5) からすれば，加速度が中心に向かうのは明らかである．すなわち，物体が等速円運動しているということは，その物体に常に中心に向かう力が作用していることに対応している．

地球の質量を M，衛星の質量を m，衛星と地球の中心間の距離を r とすると

(1-28)式により，運動方程式は

$$m\vec{\ddot{r}} = \vec{F}_G = -G\frac{Mm}{r^2}\hat{r} = -m\omega^2\vec{r} = -m\omega^2 r\hat{r}$$

ここで ω は円運動の角速度である．これから，

$$r^3 = \frac{GM}{\omega^2} \tag{4-6}$$

周期 $T = 2\pi/\omega$ を用いると

$$r^3 = \frac{GM}{(2\pi)^2}T^2 \tag{4-7}$$

これは再びケプラーの第3法則であり，軌道半径と周期の関係を与えている．

　ここの議論では，力は常に地球の中心からの距離 r の自乗に反比例していて，地球の大きさを無視し，地球の質量はすべて中心に集中していると仮定している．このことが近似ではなく，距離の自乗に逆比例する力の場合に特徴的なものとして厳密に証明することができる．この点は次節で明らかにする．われわれが地表で感じる重力も地球の中心にある質量 M の質点との間の万有引力なのである．

（2）大きな球の質量中心**

　地球の表面でも物体に働く力は，地球の中心に全質量が集まっていると仮定して得られる万有引力とみなして議論をしてきたが，これはほんとうなのだろうか．

　地球を完全な球とし，内部の物質は球対称に分布しているとする．すなわち中心からの距離に応じた密度をもつ球殻が積み重なっていると考える．外部の点 P（中心からの距離 r）にある質量 m の物体は，地球の各部と万有引力で引かれる．その力のすべての合力を求めてみよう．そのためにまず半径 R の，厚みの無視できる球殻による引力を考える．

　球殻の物質の全体の質量を M とすると，その単位面積あたり密度 σ は

$$\sigma = M/4\pi R^2 \tag{4-8}$$

図4-2のように球殻上で点Pより等距離にある幅の小さい帯状の部分

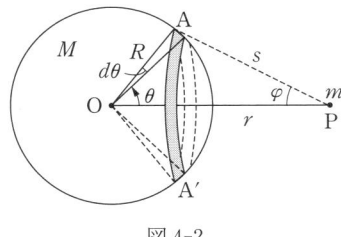

図4-2

(AA′)をとると，帯状の各部分のσによる引力は，点Pからの距離をsとして，

$$-G\frac{m\sigma}{s^2} \tag{4-9}$$

であり，帯状部分の全体からの引力はこの各部分からの力の$\cos\varphi$分の合計であるので，帯全体による引力dFは，

$$\begin{aligned}dF &= -G\frac{m}{s^2}\frac{M}{4\pi R^2}\cdot 2\pi R\sin\theta Rd\theta\cdot\cos\varphi \\ &= -G\frac{mM}{2}\cdot\frac{\cos\varphi\sin\theta d\theta}{s^2}\end{aligned} \tag{4-10}$$

ここで，$\cos\theta = \dfrac{r^2+R^2-s^2}{2rR}$ より $\sin\theta d\theta = \dfrac{sds}{rR}$

また，$\cos\varphi = \dfrac{r^2+s^2-R^2}{2rs}$

を用いると，

$$dF = -G\frac{mM}{4r^2R}\frac{(r^2+s^2-R^2)}{s^2}ds \tag{4-11}$$

全球殻からの力の寄与は，このdFをsについて$r-R$から$r+R$まで積分して得られる．

$$F = -G\frac{mM}{4r^2R}\int_{r-R}^{r+R}\frac{(r^2+s^2-R^2)}{s^2}ds \tag{4-12}$$

この積分は簡単に実行できて$4R$である．
結局

$$F = -G\frac{mM}{r^2} \tag{4-13}$$

仮定した球殻の半径には依存せず，物体と球殻の中心の間の距離rのみによ

るという結果が得られる．どのようにとった球殻でも同じであるから，結局，地球の引力は質量が球対称に分布している限り，その全質量が中心に集まったものとすることができる．球対称である限り一様である必要はない．

ここでの結果は，力が距離の自乗に逆比例するという基本的な性質のみにもとづいている．したがって万有引力のみならず次節で紹介するクーロン力についても同様である．先の章でこの点についてはもう一度触れることになる．

{問 1}

仮に地球が一様な球殻でできていて内部が空洞であったとする．内部に物体を入れたときこれはどのような重力を受けるであろうか．

（3）クーロン力

万有引力は，星や惑星の運動など宇宙空間における物体の運動を支配する基本的な力であるが，われわれの生活空間においてもっとも主要な力はクーロン力である．古典的な描像に従えば，物質を構成している原子は正電荷をもつ原子核と負電荷をもつ電子で構成され，この間のクーロン引力により安定を保っている．1個の電子のもつ電荷量（負）は**電気素量**とよばれ基本的な物理定数の1つである．電気的に中性な原子はその原子核のもつ陽子（正電荷）数だけの電子が原子核をとりまいている．原子核も電子もそれぞれ質量をもっているが，クーロン力は質量には関係しない．原子核と電子の万有引力はクーロン力に比べればまったく無視できる弱い力である．

クーロン力も万有引力と同じく相互作用する電荷間の距離の自乗に逆比例する力である．2つの電荷をもつ粒子間に働くクーロン力は，MKS単位系では

$$\vec{F} = \frac{1}{4\pi\varepsilon_0} \frac{Qq}{r^2} \hat{r} \tag{4-14}$$

で表される．ε_0 は真空の誘電率とよばれる定数（$\varepsilon_0 = 8.8542 \times 10^{-12} \mathrm{A}^2 \cdot \mathrm{s}^2 / \mathrm{N} \cdot \mathrm{m}^2$）であり，2つの電荷量 Q, q（クーロン：C）が r(m) 離れているときに働く力をニュートン（N）単位で与える．2つの電荷が同符号の場合には斥力，異符号の場合に引力となる．電気素量は $e = 1.602 \times 10^{-19}$C である．電荷量（C）

を決める根拠や，ε_0 の意味については別の機会に譲り，ここでは (4-14) の表式を呪文のごとく飲み込んでおこう．

{問 2}

図のように平面内で，一辺 a の正三角形の頂点 A，B の位置に同じ電荷量 Q の正電荷が固定されている．他の頂点 C に置かれた同じ電荷が受ける力を求めよ．この C の電荷をこの位置に静止させるために 1 個の $-Q$ の負電荷を用いるとするとこれをどの位置に置けばよいか．

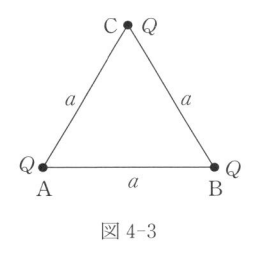

図 4-3

あらゆる物質は多数の原子の間のクーロン力による相互作用によって，その結合や構造が決まり，またその変化が支配されている．巨視的な物体は莫大な量の原子で構成されており，その表面は無数の電子で覆われている．表面にある電子は正電荷の原子核からの引力によって物質に束縛されているが，同時に電子間の反発力もあるので，束縛がそれほど強くない場合も多くある．そのため物質を他のものと接触させると比較的容易に表面の電子が剥がれて他の物質に移動し，双方の電気的中性の均衡が破れる．ガラスを布で擦るとガラスの表面は負に帯電する．化学繊維同士を擦ると相互に帯電し，放電が起こったりする．クーロン力は万有引力のようには直感ではとらえにくいものであるが，正負の電荷が身近にあることは理解できよう．

磁石および磁力と同様，自然界には電荷とよぶべき実態があって，その間に引力や斥力が働くことは種々の経験と実験によって理解が積み重ねられてきた．天然に存在する磁石や，琥珀を擦ると物体を惹きつける力を生じることは古代から知られていて魔術師の道具になったが，摩擦によって生じた効果が糸や金属を介して遠くまで伝わること（電気伝導の発見：1729 グレー）や，摩擦によってガラスと樹脂では異なる種類の電気が存在すること（1733 デュフェー），さら

に避雷針を発明したフランクリンによる正電荷と負電荷の解明 (1750) などを経て，ねじり秤による引(斥)力の精密な測定によって (4-14) で表される力を明らかにした (1785) のがクーロン (*Coulomb* 1736-1806) である．

トライアル：クーロン力の大きさ

サイコロぐらいの大きさの塩 (NaCl) の結晶を考えよう．この結晶は Na^+ イオンと Cl^- イオンが交互に規則正しく並んで立方体をなし，実際にサイコロのような立方形の透明な結晶になる．この結晶を真半分に割った一方の表面に Na^+ イオンがむき出しに並び，もう一方の表面には Cl^- イオンがむき出しになったとしよう（実際にはこんなことは実現しないが）．これらの表面を1辺が5 mmの正方形として，この2つの結晶を1 m離して置いたとき，両表面のイオン間のクーロン力はどれぐらいの大きさになるだろうか．

結晶状態での Na^+ と Cl^- のイオン間隔は 2.82 Å（オングストローム：$1\text{Å} = 10^{-10}$ m）であるが，隣り合う同種イオンの間隔を6Åとしておくと，5 mm平方の面に並ぶイオンの数は $\approx 7 \times 10^{13}$ 個になる．これに素電荷をかけて，表面の電荷量は

$$7 \times 10^{13} \cdot 1.6 \times 10^{-19} \cong 1.1 \times 10^{-5} \text{C}$$

したがって，クーロン力は

$$F = \frac{1}{4\pi\varepsilon_0} \frac{(1.1 \times 10^{-5}\text{C})^2}{1\text{m}^2} \cong 1\text{N}$$

1 m離れてほぼちょうど1 Nの力が働くことになる．1 Nは約100 gのおもりを支える力だから，クーロン力がいかに大きいか実感できよう．

この1 m離れた2つの結晶がそれぞれ 5^3 mm^3 の大きさであるとして，両者の間の万有引力はどれぐらいだろうか（結晶の密度は 2.17 g/cm^3 である）．

余談：*遠隔作用　デカルト vs. ニュートン*

ニュートンによる万有引力の法則 (4-4) 式は，物体が地球に引かれる力が物体の質量に比例していること，したがってその力は地球の質量にも比例しているに違いないこと，さらにその力は宇宙空間にまで及ぶだろうと考えることを否定する何の

論拠もないこと，これらの考察を経て仮説として導かれたものである．序章で紹介した月の"落下"の議論がこの仮説に確信を与えるものであり，その後に，これをもとにしてケプラーの第2，第3法則を証明することに成功したのである．

この遠隔作用としてとらえた物体間の力は，これを媒介するものを必要とせず，空虚な宇宙空間であっても物質に本来的に内在する性質として認めなければならないものであったが，ニュートン自身はその力の本性が何であるかについては議論をしていない．それは「根源的問いかけはしない」というニュートンに一貫した立場の現れである．しかし，物体の本来的な性質とする力の存在は"神秘的"であり，またニュートンの議論は純数学的であったため，スコラ的であり自然学が欠落しているとして容易には受け入れられなかった．この批判の中心にはデカルトの自然学があった．

デカルトの自然学は「世界は3次元の延長体であって，しかも延長があるかぎり，そこには物質がある．物質の存在しない空虚はない．」とする原理から出発する[1]．この点は，アリストテレス以来の伝統に沿う真空の否定である．そのうえで，運動は物質相互の"場所の移動"であるとする．ここから有名な「環状運動」が登場する．

「1つの物体は，自分がいま占めている場所を去るとき，他のある物体が占めていた場所にいつも入るのである．そしてこの後者は，また別のものの占めていた場所を占め，以下同じように最後の物体，つまり最初の物体の残した場所を，その瞬間に占める物体にまで及ぶのである．かくして，これらの物体相互の間には，それらが静止しているときも運動しているときも，もはや空虚は見いだされないことになる．……

われわれは，物体が空気中を運動しているときには，ふつうこうした環状の運動というものに気がつかないのである．……しかし，魚が水中を泳ぐのをみると，魚が水面にあまり近づかないかぎり，水中をたいへん速い速度で移動しても，水面をまったく動揺させない．したがって明らかに，魚が前方へ押しやる水は，水をどれもこれも無差別に押しているのではなく，魚の運動のための循環を作りあげ，魚の去った場所に入ってくるのにもっとも役だつ水のみを押しているのである．そしてこの経験は，こうした循環運動が，自然においてはいかに容易に起こりうるものであり，またありふれたものであるかを十分にしめしている．」

このような考え方にもとづいて，デカルトは宇宙空間もすべて物質で満たされているとし，星や惑星の運動や力も物質の相互の場所の移動によるものとする．図4-4はデカルトの有名な宇宙の渦動運動の図である．それぞれの星の周りには"物質"が渦流運動をなし，それらがまた大きな渦となり，相互に力を及ぼしあうというの

である．

　デカルトの説がケプラーの法則を説明しえないことを人びとは理解したが，それでもニュートンの遠隔作用による万有引力は容易には認められず，多くの学者は空間には媒質があり，力は物質を媒介してしか作用しないと考えたのである．

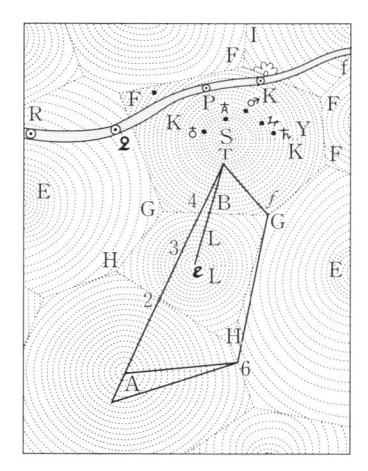

　(4-14)式で与えられたクーロン力もいわば遠隔作用である．これもまたマクスウェル（*Maxwell* 1831-1879）の後にいたるまで媒介する媒質（エーテル）を必要としていた．"遠隔作用"と"媒質"の折り合いがついていくのは，万有引力よりもクーロン力の方が先になった．それは第Ⅷ，Ⅸ章で触れる"場"と"場のエネルギー"の理解で，ファラデー（*Faraday* 1791-1867）から次第に形成されていった理解であり，アインシュタイン（*Einstein* 1879-1955）による電磁場と重力場によって完成することになる．

図 4-4　デカルト：宇宙の渦動運動*)
　　　　記号 ☿, ♀, T, ♂, ♃, ♄
　　　　はそれぞれ水星，金星，地球，火星，木星，土星を表す．

1) 野田又夫編『デカルト』「世界論」世界の名著 22, 中央公論社．

演習問題 IV

(1) 地球の質量を 6×10^{24} kg,自転周期 24 時間 $= 8.6 \times 10^4$ sec として,赤道上に静止衛星を置くとすると,衛星の地球中心からの距離は？
 ($G = 6.7 \times 10^{-11}$ N·m²/kg²).

(2) 地球の質量を M,万有引力定数を G とする.スペースシャトルに半径 R の円軌道をとらせるために必要な水平飛行速度はいくらか.

(3) 一直線上にそれぞれ距離 a(m) ずつ離れて,q_1, q_2, q_3 (C) の電荷量をもつ 3 個の点電荷がある.それぞれの点電荷に働く力を求めよ.
 この 3 電荷が静止してあるためには q_1, q_2, q_3 をどのように選べばよいか.

(4) 長さ L(m) の 2 本の軽い糸の先に,それぞれ質量 m(kg) の小さいおもりをつけて一点から吊り下げる.両方のおもりに同じ電荷量 Q を与えたところ,糸が鉛直方向となす角が θ になって静止した.糸の張力,クーロン力,重力の間の関係を表せ.角 θ が 30° になるのに必要な電荷量 Q を求めよ.

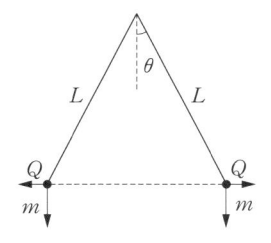

(5) 正電荷 Q をもつ原子核の周りを,質量 m,電荷 $-e$ の電子が円軌道を描いて回っている.軌道半径を a としたとき,この電子の速度と加速度の大きさを求めよ.ただし,万有引力はクーロン力に比べて十分に小さく,無視する.

第Ⅴ章
仕事とエネルギー

エネルギーの概念を導入しよう．われわれが日常的に接している「エネルギー」というものには，力学的エネルギー，電気エネルギー，熱エネルギー等，さまざまな種類がある．これらは物理学的にはみな同一の量として厳密に定義される．その出発点はニュートンの運動方程式にあり，仕事と運動エネルギーの理解からはじまる．本テキストの主要な目的は，自然におけるエネルギーの理解に置かれており，この章がその中心を担っている．ニュートンの運動方程式，すなわち微分方程式を直接解いて運動を求めることができるのは，前章までに見たようなごく簡単な運動に限られる．しかし，ここで導入するエネルギーの概念を用いることによって，より多様な運動を解析することが可能になる．

　歴史的には，エネルギーの概念はニュートン自身によって導入されたのではなく，その生まれはずっと後年である．運動方程式の積分から保存量を導いたのは 1788 年ラグランジェ（*Lagrange* 1736-1813）であるが，熱の仕事当量をはじめとする包括的なエネルギー保存則の理解（1842〜1847 年）は，マイヤー（*Mayer* 1814-1878），ジュール（*Joule* 1818-1889），ヘルムホルツ（*Helmholtz* 1821-1894）等による．

（1）仕事と運動エネルギー

仕事は，直感的には［力］×［距離］として理解され，これにもとづいて定義される．今，図 5-1 のように力 $\vec{F}$ を受けた粒子が距離 $\Delta\vec{s}$ だけ移動したとき，この力が粒子にした仕事 ΔW は

$$\Delta W = \vec{F} \cdot \Delta \vec{s} \tag{5-1}$$

のスカラー積で表されるスカラー量である．力 $\vec{F}$ を受けて空間の点 A から B まで粒子が移動したときその力がした仕事 W_{AB} は，その間の微小な移動における仕事の総和であるから，

$$W_{AB} = \sum_{\Delta s} \vec{F} \cdot \Delta \vec{s} = \int_A^B \vec{F} \cdot d\vec{s} \tag{5-2}$$

である．これを"力の経路積分"とよぶ．力が場所によって変化していても，積分は微小な移動距離における仕事の総和を表している．(5-1)から明らかなように，働いている力と移動方向が直交している場合，この力は仕事をしていない．

仕事の単位は Joule (J) と名づけられ，物体が 1 N の力を受けてその力の方向に 1 m 移動するときこの力のする仕事が 1 J である．

$$1\mathrm{J} = 1\mathrm{N} \times 1\mathrm{m} = 1\mathrm{kg} \cdot \mathrm{m}^2/\mathrm{s}^2$$

単位時間あたりの仕事は"仕事率 (Power)" P で，その単位は Watt (J/s) とよばれる．

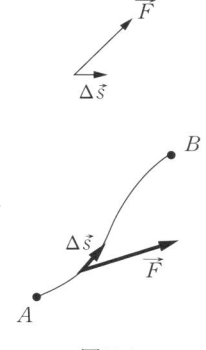

図 5-1

$$P = \frac{dW}{dt} = \frac{d}{dt}(\vec{F} \cdot d\vec{s}) = \vec{F} \cdot \frac{d\vec{s}}{dt} = \vec{F} \cdot \vec{v} \tag{5-3}$$

（ここで力 $\vec{F}$ は場所によって変化するベクトルであるが，時間にはよらないものとしている．）

次に，運動エネルギーを導入する．ニュートンの運動方程式，$\vec{F} = m\dfrac{d\vec{v}}{dt}$ から出発し，この両辺と速度 $\vec{v}$ とのスカラー積をとってみよう．

$$\vec{F} \cdot \vec{v} = m\frac{d\vec{v}}{dt} \cdot \vec{v}$$

この左辺は (5-3) 式の仕事率である．右辺の $\dfrac{d\vec{v}}{dt} \cdot \vec{v}$ が次の積の微分の関係

$$\frac{d}{dt}(v^2) = \frac{d}{dt}(\vec{v} \cdot \vec{v}) = \frac{d}{dt}\vec{v} \cdot \vec{v} + \vec{v} \cdot \frac{d}{dt}\vec{v} = 2\frac{d\vec{v}}{dt} \cdot \vec{v} \tag{5-4}$$

によって書き換えられ

$$\vec{F} \cdot \vec{v} = \frac{d}{dt}\left(\frac{1}{2}mv^2\right)$$

となる．この両辺の時間積分をとってみる．左辺は

$$\int_0^t \vec{F} \cdot \vec{v}\, dt = \int_0^t \vec{F} \cdot \frac{d\vec{s}}{dt}\, dt = \int_A^B \vec{F} \cdot d\vec{s}$$

これは，時刻が 0 から t の間に働いた力によって，粒子が位置 A から B まで移動した，その仕事に対応している．また右辺の積分は，

$$\int_0^t \frac{d}{dt}\left(\frac{1}{2}mv^2\right)dt = \frac{1}{2}mv_t^2 - \frac{1}{2}mv_0^2$$

これは粒子の速度の大きさが v_0 から v_t に変化したという状況に対応している．結局，

$$\int_A^B \vec{F} \cdot d\vec{s} = \frac{1}{2}mv_t^2 - \frac{1}{2}mv_0^2 \tag{5-5}$$

すなわち，力がした仕事量 $\int_A^B \vec{F} \cdot d\vec{s}$ が，粒子の速度で表される $\dfrac{1}{2}mv^2$ という量の変化分 $\left(\dfrac{1}{2}mv_t^2 - \dfrac{1}{2}mv_0^2\right)$ に等しいことを示している．

そこで「速度 v で運動する質量 m の粒子は $\dfrac{1}{2}mv^2$ の<u>運動エネルギー</u>(kinetic energy) をもつ」として，運動エネルギーを定義する．(5-5) 式は，粒子に力が働いて仕事がなされた結果粒子の速度が変化し，仕事が粒子の運動エ

ネルギーの変化に転化したことを表している．この関係はいずれもスカラー量の関係であることに注目しておく．この運動エネルギーを与える関係は，ニュートンの運動方程式を時間について1階積分しただけで導かれているもので，新しいものは含まれていない．運動エネルギーは，慣性の1つの表現であって，ニュートンの運動方程式と等価なものである．

{例題1} **重力下での自然落下**

質量 m の粒子が時刻 $t=0$ に位置 $z=0$ から自然落下する．距離 Z だけ落下したときの速度 v を求めよ．

（解）

ニュートンの運動方程式は z 軸1次元で表すと
$$m\ddot{z} = -mg$$
(5-5)式をこの場合に当てはめると，
$$\int_0^{-Z} F \cdot dz = \int_0^{-Z} (-mg)dz = mgZ = \frac{1}{2}mv^2 - \frac{1}{2}mv_0^2$$
重力がした仕事は mgZ で，これが運動エネルギーの変化量になる．はじめの速度 v_0 がゼロの場合なので，落下後の速度の大きさは $v=\sqrt{2gZ}$ である．

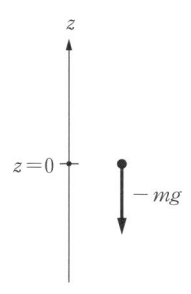

（2）保存力場

前節(5-2)式で力の経路積分，すなわち仕事を導入したが，空間の2点間の仕事がその2点間の経路のとりかたに依存しないような場合がある．そのもっとも簡単な例は重力の場合である．常に一定方向，鉛直下向きに重力が働く空間

を考えよう．この空間に任意の物体，粒子があると，その質量に比例した力が働く．すなわちこの空間はいつでも物体に力を及ぼすような潜在的な能力のある空間と考えることができる．このような特殊な空間を「**場**」とよぶ．地上は**重力場**の空間である．

重力場の中の任意の2点間（任意の坂道）での粒子の移動を考える．図5-2のように点AからBへ重力によって粒子が移動すると，重力のする仕事は

$$\int_A^B \boldsymbol{F} \cdot d\boldsymbol{\hat{s}} = \int_A^B (-mg)\boldsymbol{k} \cdot d\boldsymbol{\hat{s}} = -mg \int_A^B ds \cos\theta$$
$$= -mg \int_h^0 dz = mgh \tag{5-6}$$

$\boldsymbol{k}$ は鉛直（z）方向の単位ベクトルである．
この仕事量は，鉛直方向（重力の方向）への移動距離 h のみで決まるから，移動の経路をどのようにとってもA, B間の経路には関係なく，その間の高さだけに依存することが図からもわかる．このように仕事が経路に依存しないような性質の力を**保存力**，またそのような力のある空間を**保存力場**とよぶ．

重力と同様に代表的な保存力として**中心力**がある．粒子に働く力が常に空間の一点（定点）と粒子を結ぶ直線の方向をもつような力を**中心力**とよぶ．太陽を中心としたときの惑星に働く万有引力，原子核の周りを運動する電子に働くクーロン力などが典型的な中心力である．太陽や原子核を中心とした空間に，任意の質量の物体，あるいは任意の電荷をもった粒子があると，その質量あるいは電荷量に比例した力が働くので，そのような空間はまた潜在的な能力をもつと見なすことができる．このため，このような「場」は**中心力場**とよばれる．

今，粒子が常に定点Oからの中心力を受けて空間の2点A, Bを運動したとき，力がする仕事を求めてみる．中心力としては，万有引力やクーロン力のよ

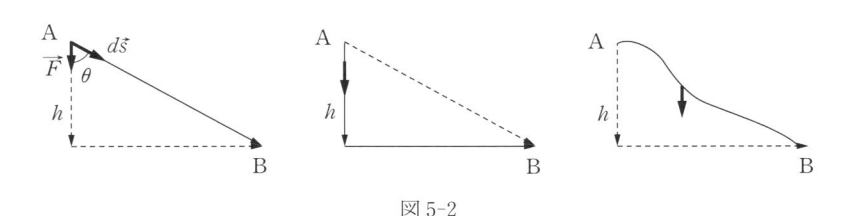

図 5-2

図 5-3　　　　　　　　図 5-4

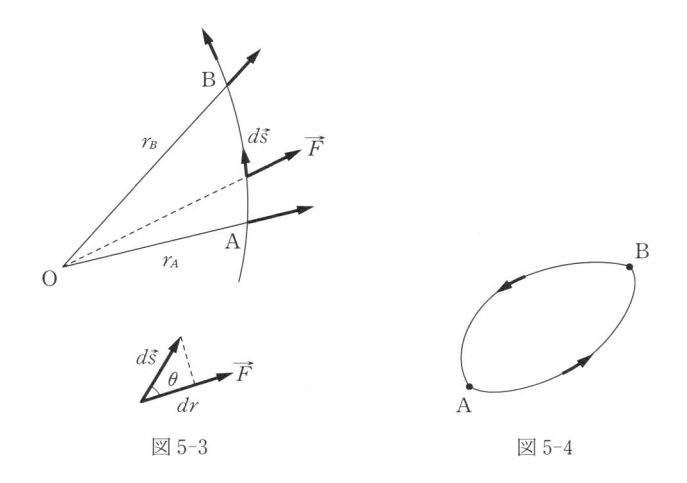

うに 2 体間の距離の自乗に反比例するものとし，

$$\vec{F} = k\frac{\hat{r}}{r^2} \tag{5-7}$$

と表そう．比例定数 k が正なら斥（反発）力，負なら引力である．
求める仕事は

$$W = \int_A^B \vec{F} \cdot d\vec{s} = k \int_A^B \frac{\hat{r} \cdot d\vec{s}}{r^2} \tag{5-8}$$

ここで $\hat{r} \cdot d\vec{s} = ds \cos\theta$ は図 5-3 でわかるように中心からの距離 r の変化分 dr に相当する．

したがって仕事は

$$W = k \int_{r_A}^{r_B} \frac{dr}{r^2} = k\left[-\frac{1}{r}\right]_{r_A}^{r_B} = k\left(\frac{1}{r_A} - \frac{1}{r_B}\right) \tag{5-9}$$

すなわち，仕事量は始点 A と終点 B の中心からの距離にのみ依存しているので，途中の経路にはよらないことがわかる．ここでは，r^{-2} に比例する力について示したが，一般に任意の中心力 $\vec{F} = kr^n \hat{r}$ でこのことを示すことができる．

保存力を受けて図 5-4 のように 2 点 A, B を A → B → A と一回りする経路での仕事を見ると，仕事が経路によらないから

$$W = W_{AB} + W_{BA} = W_{AB} - W_{AB} = 0$$

は明らかであり，このことから「保存力場における任意の閉じた経路での仕事

の経路積分はゼロである」ということができる．これは保存力場の性質の１つの表現である．

{例題２}

x, y 面内で質点が力 $\vec{F} = -k\vec{r}$ を受けて，図 5-5 の経路に沿って点 A(a, b) から B を経て C(c, d) まで移動した．この力のした仕事を求めよ．

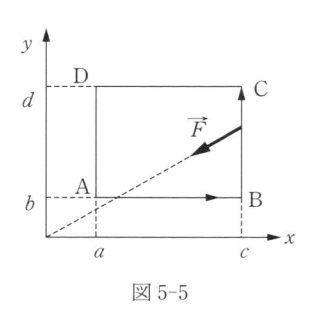

図 5-5

（解）
$$W = \int_A^C \vec{F} \cdot d\vec{s} = \int_A^C (F_x dx + F_y dy)$$
$$= -k\int_a^c x dx - k\int_b^d y dy = -\frac{1}{2}k(c^2 - a^2 + d^2 - b^2)$$

（３）位置エネルギー

前節で保存力場は空間の"潜在的な能力"としてとらえられることを述べた．その場のなかで物体が受ける力は常に一定の方向をもっており，その力に抗して物体を移動させるには逆に仕事が必要となる．このことから，保存力の場に対応して「位置エネルギー（potential energy）」の概念を導入することができる．場の力に抗して移動させるのは，「低い位置から高い位置へ物体を運ぶ」ことであり，これに必要な仕事分だけ位置エネルギーが高くなる，として直感的に理解することができる．逆に保存力がする仕事は，それだけの位置エネルギーの減少に対応する．位置エネルギーを U で表すと，保存力 $\vec{F}$ のする仕事 W は

図 5-6

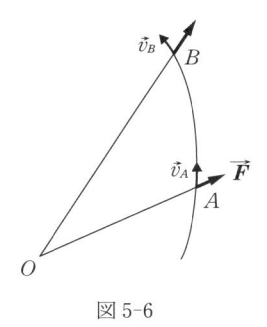

位置エネルギーの差となる．

$$W_{AB} = \int_A^B \vec{F} \cdot d\vec{s} = -[U_B - U_A] = -\Delta U \tag{5-10}$$

$$dW = -dU \tag{5-11}$$

保存力の仕事は経路の取り方に依存しないから，空間の 2 点 A, B 間の位置エネルギーの減少，すなわち"高さ"の差のみの量となる．

保存力場の空間は力の場であるが，これには常に位置エネルギーを対応させることができ，位置エネルギーは位置座標に依存する連続的な関数となる．空間のなかで位置エネルギーの等しい点をつなぐ曲線（曲面）を**等エネルギー線（面）**とよぶ．これはちょうど地図で見る等高線に相当する．重力加速度が一定と見なす重力場では，粒子の位置エネルギーは，たとえば基準を地表に選べば，単に高さ h のみで与えられ，重力のする仕事量 mgh と同じ量である．

図 5-6 の中心力場のように，保存力場内での粒子の運動を考えよう．1 節で運動エネルギーを導入した．式 (5-5) によって，保存力 $\vec{F}$ を受けて質量 m の粒子が A から B まで運動したとき，その仕事に相当する運動エネルギーの変化を得る．

$$\int_A^B \vec{F} \cdot d\vec{s} = \frac{1}{2}mv_B^2 - \frac{1}{2}mv_A^2 \tag{5-12}$$

v_A, v_B はそれぞれ点 A，B での粒子の速度である．

このとき (5-10) 式によって，粒子の位置エネルギーは減少している．

$$\int_A^B \vec{F} \cdot d\vec{s} = -[U_B - U_A] = \frac{1}{2}mv_B^2 - \frac{1}{2}mv_A^2$$

$$\therefore\ U_A + \frac{1}{2}mv_A^2 = U_B + \frac{1}{2}mv_B^2 \tag{5-13}$$

(5-13)式は保存力場の中で運動している粒子の位置エネルギーと運動エネルギーの和が，粒子の位置によらず保存されていることを示している．この両者の和を**力学的エネルギー**とよぶ．保存力場においては力学的エネルギーの保存則が成り立つ．位置エネルギーの減少（増加）分は運動エネルギーの増加（減少）に対応する．

さて，以上の議論をもとに，力学的エネルギーの保存則を用いて各種の運動を検討してみよう．

① 重力下での運動

{問 1}
(a) 地表 1 km の高さにある 1 kg の物体の位置エネルギーはいくらか．位置エネルギーの基準は地表にとり，重力加速度を $9.8\,\mathrm{m/s^2}$ とする．
(b) 1 km の高さから 1 kg の物体を放すとき，地表に達する瞬間の運動エネルギーはいくらか．空気抵抗は無視する．
(c) 同じ物体が半分の高さまで落下したときの速度はいくらか．

物体が斜面を滑り落ちるような場合を考えてみよう．図 5-7 でわかるように斜面上を運動する物体に働いている力は，摩擦がない場合，重力と斜面が物体を押し上げる垂直抗力 $\vec{N}$ である．垂直抗力 $\vec{N}$ と斜面の移動 $d\vec{s}$ は直角なので，(5-12) 式の左辺の $\vec{F} \cdot d\vec{s}$ に寄与する力は重力のみで，抗力は考える必要がない．すなわち，垂直抗力が働いている運動であっても，重力による位置エネルギーと運動エネルギーによる力学的エネルギーの保存を考えればよいことがわかる．

図 5-7　　　　　　　　図 5-8

{問 2}
高さ h の位置から静かに斜面を滑り落ちた物体が床に達した時の速さを求めよ．

　第Ⅲ章3節で，単振子の運動に対する運動方程式を検討した．振子のおもりに働いている力は重力と糸の張力であるが（図 5-8），張力 $\vec{T}$ は常におもりの運動方向に直交している．したがって，この場合も力がする仕事には重力のみが寄与する．重力による位置エネルギーと運動エネルギーによる力学的エネルギーの保存が成り立つ系である．

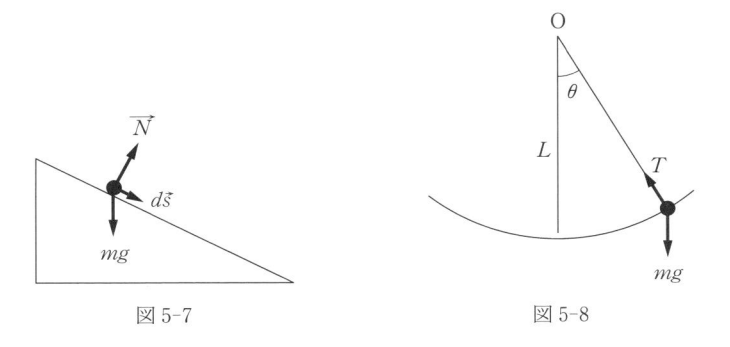

{例題 3}
　長さ L の糸に質量 m のおもりをつけた振子がある（図 5-8）．おもりが最下点から高さ h の位置になるまでに重力がする仕事 W を，軌道に沿って求めよ．最下点で速度 v_0 を与えて振らせた．振子が往復運動をするための v_0 の条件を求めよ．

（解）
　重力と軌道の方向は次の図のようになっているので，
$$\vec{F}\cdot d\vec{s} = Fds\cos\alpha = mgds\cos(\pi/2+\beta) = -mgds\sin\beta$$
鉛直方向を z 軸にとると $ds\sin\beta = dz$ であるから，
$$W = -\int_0^h mgdz = -mgh$$
糸の支点を位置エネルギーの基準にとると，系の力学的エネルギー E_0 は

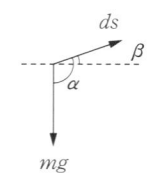

$$E_0 = \frac{1}{2}mv^2 - mgL\cos\theta$$

最下点で速度 v_0 を与えるから $E_0 = \frac{1}{2}mv_0^2 - mgL$

この両者が保存されているから，

$$v^2 = v_0^2 - 2gL(1-\cos\theta)$$

この関係は第III章 (3-26) 式と同じものである．第III章ではおもりの運動の接線方向に対する運動方程式の両辺に速度をかけて時間積分することによってこの関係が得られたが，それは本章で論じたことに他ならない．

往復運動するためには，最大の振れ角 ($\theta_0 = \pi/2$) で $v=0$ であること，ゆえに

$$\cos\theta_0 = 0 = 1 - \frac{v_0^2}{2gL}$$

$v_0^2 \leq 2gL$ の初速で往復運動となる．

② 中心力の場合

万有引力のような中心力場を考えてみる．場は力の源を中心にして球対称になっている．位置エネルギーを測る基準は任意であるが，一般的に定義する仕方としては，粒子が受ける力が無視できるような位置を基準にとるのが便利である．万有引力やクーロン力の場では粒子が源から無限に離れているとき受ける力がゼロであるから，無限遠を基準にとり位置エネルギーを源からの距離 r のみの関数として与える．

$$\text{力}\quad : \vec{F} = \frac{k}{r^2}\hat{r} \quad (k>0 : 斥力, \ k<0 : 引力)$$

$$\text{位置エネルギー}: U(r) = -\int_\infty^r \vec{F}\cdot d\vec{s} = -\int_\infty^r \frac{k}{r'^2}dr' = \frac{k}{r} \tag{5-14}$$

積分の左の負号は (5-10)，(5-11) での負号に対応している．

積分は，斥力の場合 ($k>0$) には，力 $\vec{F}$ に抗して粒子を無限遠から r の位置まで運んでくる仕事量を意味し，それだけ無限遠に対して高い位置エネルギーと

なる．引力の場合（$k<0$）には，無限遠より源に向かうにつれて位置エネルギーが負の値をとる．

万有引力は(4-4)式であったから，これを(5-14)式に用いると，たとえば地球（質量 M）の中心からの距離 r にある質量 m の物体の位置エネルギーは

$$U(r) = -G\frac{Mm}{r} \tag{5-15}$$

その位置で物体の運動速度が v であれば，物体の力学的エネルギー E は

$$E = \frac{1}{2}mv^2 - G\frac{Mm}{r} \tag{5-16}$$

となる．

{例題4} 第2宇宙速度

地球の半径を R として，地表から真上にロケットを打ち上げるとする．ロケットが地球による引力から脱出するために必要な打ち出し速度（第2宇宙速度）はどれだけか（もちろん，空気の抵抗は無視する）．

（解）

速度 v で飛ぶロケットの力学的エネルギーは(5-16)式である．
地上での打ち出し速度を v_0 とすると，これによって与えられた力学的エネルギー E_o，

$$E_o = \frac{1}{2}mv_0^2 - \frac{GMm}{R}$$

が保存される．引力から脱出するためには，(5-16)式で高度 $r \to \infty$ で $v \geq 0$ であることが必要である．すなわち脱出限界では力学的エネルギーが $E_0 = 0$ である．ゆえに

$$\frac{1}{2}mv_0^2 = \frac{GMm}{R}, \qquad \therefore \quad v_0 = \sqrt{\frac{2GM}{R}}$$

重力加速度 $g = \dfrac{GM}{R^2}$ を用いると，$v_0 = \sqrt{2gR} \cong 10^4 \text{m/s}$ となる．

{例題5} クーロン力

x 軸の原点に電荷 Q の重い原子核がある．$x=a$ の位置に固定されていた

質量 m，電荷 q の軽い原子核が，時刻 $t=0$ に拘束力を解かれ，x 軸上を運動しはじめるとしよう．この原子核のその後の位置と速度の関係を求めよ．十分に時間が経ったのちの速度はどうなるか．

(解)
　はじめに，力の経路積分，すなわち仕事が運動エネルギーの変化量に対応することを用いてみよう．$x=a$ から任意の位置 x までの力のする仕事 W によって，
$$W = \int_a^x \frac{k}{x'^2} dx' = k\left(\frac{1}{a} - \frac{1}{x}\right) = \frac{1}{2}mv^2 - \frac{1}{2}mv_0^2$$
今，初期条件 $v_0=0$ であるから，求める任意の時刻における位置と速度の関係は
$$\frac{1}{2}mv^2 = k\left(\frac{1}{a} - \frac{1}{x}\right)$$
である．
　これに別の説明を用いてみよう．軽い原子核の運動方程式は，
$$m\ddot{x} = \frac{k}{x^2}, \quad \left(k = \frac{Qq}{4\pi\varepsilon_0}\right)$$
この運動方程式を積分するために，両辺に $\dot{x}$ をかけると，$m\dot{x}\ddot{x} = k\dot{x}x^{-2}$ であるから，
$$\frac{d}{dt}\left(\frac{1}{2}m\dot{x}^2\right) = -\frac{d}{dt}(kx^{-1})$$
$$\therefore \quad \frac{d}{dt}\left(\frac{1}{2}m\dot{x}^2 + kx^{-1}\right) = 0$$
したがって，$\left(\frac{1}{2}m\dot{x}^2 + kx^{-1}\right) = C$ （一定）
括弧内の1項目は運動エネルギー，第2項は位置エネルギーであり，この関係はまさに力学的エネルギーの保存であり，積分定数 C がその値を与える．
初期条件，$t=0$ において $\dot{x}=0$，$x=a$ であるから，力学的エネルギーは
$$C = k/a$$
ゆえに，位置と速度の関係は，
$$\frac{1}{2}m\dot{x}^2 = k\left(\frac{1}{a} - \frac{1}{x}\right)$$
と，上と同じ結果が得られる．
　十分に時間が経った後には $x \to \infty$，このときの速度は
$$\frac{1}{2}m\dot{x}^2 = \frac{k}{a} \quad \text{により} \quad \dot{x} = \sqrt{\frac{2k}{ma}}$$

{例題6} 2原子分子の原子間距離

イオン性の2原子分子の結合を扱う興味深い例題を考えてみよう．陽イオンと陰イオンが結合して分子を作る場合を考える．両イオンはクーロン力によって引き合うが，ある程度以上近づくと，広がった電子雲同士の反発力が働き，それらの力のつりあいによってイオン間の距離が決まる．今，一方のイオンを原点にとり他方が x 軸上で1次元の運動をするとして，その2つの力を簡単に

$$F(x) = -\frac{a}{x^2} + \frac{b}{x^3} \quad (a, b > 0)$$

で表す．このとき運動するイオンの位置エネルギーを求め，両イオンの平衡の位置と力学的エネルギーを求めよ．はじめに両イオンを平衡の位置よりも大きな距離 L で放したとする．その後分子は振動するであろう．このとき両イオンの最短距離を求めよ．

(解)

この力は両方ともイオン間の距離が無限大になるとゼロになるから，位置エネルギーは (5-14) 式にならって，

$$U(x) = -\int_{\infty}^{x} F(x')dx' = \int_{\infty}^{x}\left(\frac{a}{x'^2} - \frac{b}{x'^3}\right)dx' = -\frac{a}{x} + \frac{b}{2x^2}$$

平衡の位置 x_0 はこの位置エネルギーが極小になる位置であるが，これは直感的にもすぐわかるように，$F(x)=0$ となる位置である．したがって，

$$x_0 = b/a$$

この位置エネルギーを図示すると図5-9の実線のようになる．波線はそれぞれ

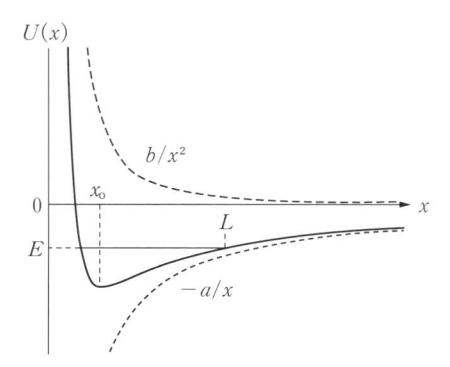

図 5-9

第 1 項，第 2 項を表している．運動するイオンの速度を v とすると，力学的エネルギーは

$$E = \frac{1}{2}mv^2 + U(x)$$

である．運動の端点 L で $v=0$ であるから，与えられた力学的エネルギーは

$$E = U(L) = -\frac{a}{L} + \frac{b}{2L^2}$$

両イオンが最短距離になるもう一方の端点 x で再び速度がゼロになるので，

$$-\frac{a}{L} + \frac{b}{2L^2} = -\frac{a}{x} + \frac{b}{2x^2}$$

この方程式を解いて，$x = \dfrac{bL}{2aL - b}$

図 5-9 で見た場合，位置エネルギー曲線と力学的エネルギー E を示す直線の 2 つの交点の間で振動することがわかる．

（4）場の勾配**

前節で，位置エネルギーは力の場の経路積分で与えられることを示した．したがって逆に，力の場は位置エネルギーの微分であると理解することができる．(5-11) 式より，

$$dW = \overrightarrow{\boldsymbol{F}} \cdot d\hat{\boldsymbol{s}} = -dU \tag{5-17}$$

簡単な 1 次元の場合を見よう．この場合 (5-17) は，

$$Fdx = -dU$$

ゆえに

$$F(x) = -\frac{dU}{dx} \tag{5-18}$$

すなわち位置エネルギーが与えられると，力の場はその微分によって求められる．位置エネルギーの空間的な減少率（負の勾配）が力の場を与える．

これを 3 次元の場合に表す形式を示そう．(5-17) から

$$-dU = \overrightarrow{\boldsymbol{F}} \cdot d\hat{\boldsymbol{s}} = (F_x \boldsymbol{i} + F_y \boldsymbol{j} + F_z \boldsymbol{k}) \cdot (\boldsymbol{i}dx + \boldsymbol{j}dy + \boldsymbol{k}dz) = F_x dx + F_y dy + F_z dz$$

一方

$$dU = \frac{\partial U}{\partial x}dx + \frac{\partial U}{\partial y}dy + \frac{\partial U}{\partial z}dz \tag{5-19}$$

ゆえに，力の 3 成分はそれぞれ，

第Ⅴ章　仕事とエネルギー　87

$$F_x = -\frac{\partial U}{\partial x}, \quad F_y = -\frac{\partial U}{\partial y}, \quad F_z = -\frac{\partial U}{\partial z} \tag{5-20}$$

すなわち，力の場は位置エネルギーの勾配を成分とするベクトルで与えられ，

$$\vec{F} = -\left(\frac{\partial U}{\partial x}\boldsymbol{i} + \frac{\partial U}{\partial y}\boldsymbol{j} + \frac{\partial U}{\partial z}\boldsymbol{k}\right) = -\nabla U \equiv grad U \tag{5-21}$$

ここで∇の記号は<u>ベクトル微分演算子</u>とよばれ，

$$\nabla \equiv \boldsymbol{i}\frac{\partial}{\partial x} + \boldsymbol{j}\frac{\partial}{\partial y} + \boldsymbol{k}\frac{\partial}{\partial z} \tag{5-22}$$

これをスカラー関数に作用させてその微係数を成分とするベクトルを作る働きをする．∇は**ナブラ**とよぶ，あるいは $gradient$ ($grad$) と表す場合もある．

{問3}

中心力の位置エネルギーを

$$U(r) = -\frac{k}{r}$$

と表したとき，場を求めよ．

$$(\vec{r} = x\boldsymbol{i} + y\boldsymbol{j} + z\boldsymbol{k}, \quad r = \sqrt{x^2 + y^2 + z^2})$$

余談："エネルギー"のルーツ

　この章で仕事とエネルギーの概念が導入された．仕事は力の経路積分であり，ニュートンの運動方程式の時間積分から運動エネルギーや位置エネルギーがとらえられた．このようなエネルギーの概念はガリレオ，ニュートンの段階ではまだ明瞭にはなかった．ニュートンによる微分法の開発の後，積分をはじめとする解析的方法が発展してからのことである．しかし，概念のルーツはガリレオに見ることができる．第Ⅲ章で紹介した，斜面の落体運動の議論を扱った『新科学対話』の第3日のなかに，振子の運動に触れている部分がある．図5-10のように，振子をある高さの点Cから振らせたとき，空気の抵抗を無視すると，おもりは他端の同じ高さの点Dまで達する．鉛直線上で，振子の糸の適当な位置に釘があると，Cからスタートした振子は，鉛直の位置からあとは，小さい弧BAに沿って振れるが，そのときにもおもりは同じ高さまで達する．この事実をガリレオは

　　「球が弧CBを通って降下する場合，Bに達して1つの運動量（impeto）を得るのであるがその値は，球を同様な弧BDを通して同じ高さまで持ち上げるのにちょうど十分なものになることを正しく推測できるのです．」

図 5-10

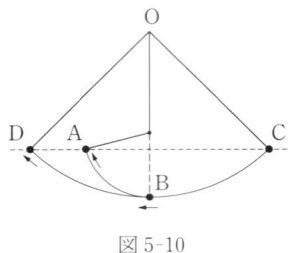

と述べ，おもりが最下点で得るものとして"impeto"という量を述べている．この章で明らかにしたことによれば，これは位置エネルギーと運動エネルギーのやりとりを表していると理解することができる（運動量と訳されているが，ここではベクトルではなくスカラー量と受け止められる）．

また，図 5-11 で示された種々の傾きの摩擦のない斜面での落下速度について，

「速度は鉛直の方向においては最大に達し，それ以外の方向においては，平面が鉛直から傾くにつれて減って行きます．それゆえ運動体の落下の動力（impeto），能力（talento），エネルギー（inergier）または運動量（momento）は，物体が支えられ，それに沿って転がっていく平面によって減少するのです．」

というように，"impeto"を種々にいい表している．これらは落下によって得る運動エネルギーあるいは，落下の前にもつ位置エネルギーをとらえようとしていることがうかがえる．

"仕事"が物理学的な概念として，すなわち「力×変位」として明確になるのは 1800 年以降であるとされている．しかし，これもまたガリレオにおいてそのルーツをみることができる．『レ・メカニケ』[1] は，この時代の活発な建築や土木作業における機械の発達において，機械の有用性に対する職人たちの誤り，「不自然な期待を抱いて，自然界ではできないことをかすめとろうとする誤り」を指摘する意図が明瞭に表れている．冒頭の「機械の学問および道具から引き出される有用性について」で，

「……誤りの根源は，機械を使ってわずかな力で非常に重いものを動かしたり持ち上げたりすることができるということが，何かしらそういう機械によって自然をごまかそうとすることであると，それら職人たちが，今も固く信じこんでいるところにある，と私には思われるのである．」

と述べ，重量物を移動させる仕事について，

「その力がもし非常に小さいならば，その物体をたくさんの粒に分割し，それぞれの粒に等しい力を加えて，1つずつその距離を移動し，最後にその物体全体として移動を完了することができたとしても，それから，その操作によって，大きな重量物をより小さな力で移動することができたということは正当ではな

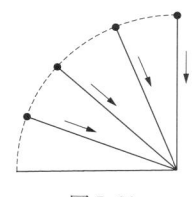

図 5-11

い．実際，その場合，運動は空間的に何度も繰り返されており，1回だけでその重量物全体が移動させられる場合とは異なるからである．」

と説く．ここでは明らかに，物体に力を加えて移動させることが，「力×距離」において同じ効果となることを論じているのである．

　1) ガリレオ『レ・メカニケ』豊田利幸訳，世界の名著 21，中央公論社．

　ガリレオの随所に，このように仕事やエネルギーの概念の直感的なとらえ方があるが，ニュートンにおいてはほとんどないといってよい．『PRINCIPIA』の最初にある「定義」において，物質量，運動量に続いて定義Ⅲで，

「物質の固有力とは，各物体が，現にその状態にある限り，静止していようと，直線上を一様に動いていようと，その状態を続けようとあらがう内在的能力である．」

として「慣性」を定義している．これに続けて

「物体は，それに加えられた他の力が物体の状態を変えようとする場合にだけ，この固有力をはたらかせるにすぎない．この力の働きは抵抗ともインペートスともみることができる．」

として "impetus" を用いている．しかしこれは "慣性" そのものの意味で用いられている．また，第二篇「抵抗のある媒質中における物体の運動について」の最初で，

「速度に比例する抵抗を受ける物体の，抵抗により失われる運動は，物体が動かされて進められた距離に比例する．」

の命題を述べている．ここで「抵抗により失われた運動」は運動エネルギーの減少を連想させるが，そのあとの説明，

「なぜなら，相等しい微小時間のおのおのの間に失われる運動は，その速度に，すなわち，進められた微小な経路に比例するから，それらを合成すれば，全時間内に失われる運動は全経路に比例するから．」

によれば，これは力の経路積分ではなく力積を述べていることは明らかで，したがって「失われる運動」は運動量の減少量に対応していると理解できる．

　このように『PRINCIPIA』で見る限り，ニュートンには仕事やエネルギーに対応

する量はまったく現れてこない．先のガリレオにおいて，直感的にとらえられたものが，量としては"impeto"，"talento"，"inergier"，"momento"など種々に表現されていて，厳密さを欠くものであった．ニュートンはその数学的厳密さから，まだ明確にとらえられなかったものは，むしろ敢えて避けたと見るのが適切なのかもしれない．

演習問題 V

(1) 質量 m の石を，地上 ($z=0$) から真上に，初速 V_0 で投げ上げる．この石の最高到達点の高さを Z とする．頂点に到達するまでの間に重力がした仕事を求め，高さ Z を求めよ．また，この高さ Z を，ニュートンの運動方程式を解いて求めよ．

(2) 地上高さ h の塔の上から石を水平に初速 V_0 で投げる．地面に到達したときの石の速さを，この間に重力がした仕事から求めよ．また，ニュートンの運動方程式から求めよ．

(3) 質量 m のボールを地面から角度 θ の上方向に初速 v_0 で投げ出した．ボールがもっとも高い位置にあるときの運動エネルギーと位置エネルギー，および，そのときの高さを求めよ．

(4) 例題 2 と同じ 2 次元面内で粒子が力
$$\vec{F} = -2kxy\boldsymbol{i} - kx^2\boldsymbol{j} \quad (k \text{ は正の定数})$$
を受けて，A―B―C―D―A と，一回り移動した．このとき，力がした仕事を求めよ．この力は保存力かどうか？

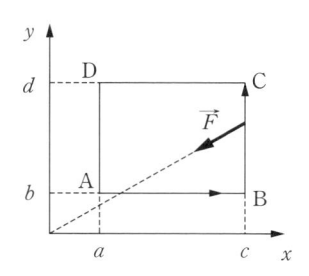

(5) 重力の働く鉛直面内で，粒子が半径 R の滑らかな半円の内側の縁を滑る．中心 O と同じ高さの点 A から初速ゼロで落ちはじめる．
　①最下点 B での速度を求めよ．
　②角度 $\theta=60°$ のところで谷は切れ，自由空間に投げ出される．この後粒子が到達する最大の高さと B からの水平到達位置を求めよ．

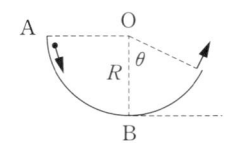

(6) 長さ l の糸に質量 m のおもりを吊るして単振子とする．最下点の静止位置で振動の方向に初速を与える．振動の最大の振れの角が $60°$ になるようにするのに必要な初速を求めよ．

(7) この振子が一方向に回転運動を続けるために必要な初速はどれだけか．また，このときおもりの最下点での糸の張力を求めよ．

(8) 高度 h で地球を回っている人工衛星の力学的エネルギーを求めよ．この衛星に向けて地上から真上にロケットを打ち上げ，ちょうど衛星に到達させるに必要な打ち出し速度はどれだけか．

第VI章
振動のエネルギー

この章では前章で明らかにした力学的エネルギーを，振動という特有な運動の場合にあてはめて検討してみよう．もっとも簡単な振動は第III章2節で取り扱ったバネの振動である．振動のエネルギーはバネの場合だけでなく，エネルギーの空間的な伝播，すなわち波動の問題の理解にまで展開することができる．

（1）調和振動のエネルギー

第III章2節で扱ったバネの運動に対して力学的エネルギーを検討しよう．はじめに，前章1節で示した仕事と運動エネルギーの関係を適用してみる．

滑らかな水平面上でのバネの1次元の運動で，自然長の位置を $x=0$ とする．振動しているおもりのある時刻における位置を x_A，そのときの速度を v_A とし，その後位置 x_B における速度を v_B としよう．おもりの運動方程式は

$$F = m\ddot{x} = -kx$$

おもりの位置 x_A から x_B までの運動の間に力がする仕事は，

$$\int_{x_A}^{x_B} F \cdot dx = \int_{x_A}^{x_B} (-kx)dx = -\frac{1}{2}k(x_B{}^2 - x_A{}^2)$$

(5-5)式により，この仕事がおもりの運動エネルギーの変化量に等しいから，

$$\frac{1}{2}k(x_A{}^2 - x_B{}^2) = \frac{1}{2}mv_B{}^2 - \frac{1}{2}mv_A{}^2 \qquad (6\text{-}1)$$

である．これより x_A における速度 v_A が初期条件として与えられると，その後の任意の位置 x_B における速度が求まる．

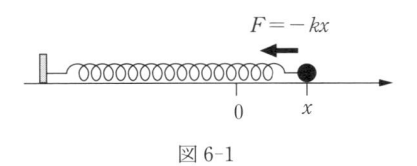

図 6-1

{問1}
　おもりをバネの自然長の位置から $x=x_0$ まで引っ張って離したのち，おもりが $x=0$ を通過するときの速度を求めよ．

{例題1}
　バネ定数が k の軽いバネの一端を固定して鉛直に吊るす．バネの下端，すなわち自然長での位置を $z=0$ とする．この下端に質量 m のおもりをつけ，下方へ長さ L だけ引っ張って離す．その後のおもりの任意の位置 Z における速度を求めよ．またおもりの運動の最上端の位置を求めよ．

（解）

z 軸を下向きにとろう．任意の位置におけるバネの伸びは z になるから，その点でおもりに働いている力 F は
$$F = -kz + mg$$
引っ張った下端の位置 L から任意の位置 Z までにこの力のする仕事が運動エネルギーの変化に等しいので，
$$W = \int \vec{F} \cdot d\vec{s} = \int_L^Z (-kz + mg)dz = \frac{1}{2}mv^2 - 0$$
$$\therefore \quad mg(Z-L) - \frac{1}{2}k(Z^2 - L^2) = \frac{1}{2}mv^2$$
$$v^2 = (Z-L)\left\{2g - \frac{k}{m}(Z+L)\right\}$$

最上端で $v=0$ であることから，$\dfrac{k}{m}(Z+L) = 2g$

最上端の高さは $\quad Z = \dfrac{2mg}{k} - L$

ところで，図 6-1 のバネの運動ではおもりに働いている力は常に振動の中心，平衡の位置に向かっているので，この場合も中心力，したがって保存力の系である．万有引力やクーロン力の場合とちがって，力がゼロになるのは平衡の位置であるから，原点を位置エネルギーの基準にとるのが便利である．(5-14) と同じように，位置 x での位置エネルギーを，バネの力に抗しておもりを平衡の位置からその点まで移動させるに要する仕事として求めると，

$$\text{力} \quad : F(x) = -kx$$
$$\text{位置エネルギー} : U(x) = -\int_0^x F(x')dx' = \int_0^x kx'dx' = \frac{1}{2}kx^2 \quad (6\text{-}2)$$

この位置エネルギーは，バネを平衡の位置から伸ばす（縮める）ことによってバネに蓄えられるエネルギーであり，**弾性エネルギー**ともよばれる．

この位置エネルギーと運動エネルギーの和，すなわち力学的エネルギーの保存が成り立つのであるが，これは，前章での議論と同じように，ニュートンの運動方程式から示すことができる．運動方程式，
$$m\ddot{x} = -kx$$
の両辺に $\dot{x}$ を掛けると，$m\dot{x}\ddot{x} + kx\dot{x} = 0$．これは
$$\frac{d}{dt}\left(\frac{1}{2}m\dot{x}^2 + \frac{1}{2}kx^2\right) = 0 \quad (6\text{-}3)$$

であり，力学的エネルギーの保存則に他ならない．

{例題２}
　軽いバネに質量 m のおもりをつけて鉛直（重力下）に吊るす．バネのみの自然長の位置を原点 ($z=0$) にとる．この場合の力学的エネルギー保存を表せ．$z=0$ の位置からおもりを静かに離し振動させた時，最下点の位置を求めよ．

（解）
　下図のように z 軸を下向きにとると，運動方程式は
$$m\ddot{z} = -kz + mg$$
先と同じように，両辺に $\dot{z}$ を掛けて，
$$m\ddot{z}\dot{z} = -kz\dot{z} + mg\dot{z}$$
これは，
$$\frac{d}{dt}\left(\frac{1}{2}m\dot{z}^2 + \frac{1}{2}kz^2 - mgz\right) = 0$$
これが力学的エネルギーの保存を表す．運動エネルギーとバネの位置（弾性）エネルギーに加えて，重力による位置エネルギーが加わっている．$z=0$ で静かに離すとき，これらの和はゼロである．最下点 (Z) のとき速度はゼロであるから，力学的エネルギーは $\frac{1}{2}kZ^2 - mgZ = 0$．したがって，
$$Z = \frac{2mg}{k}.$$

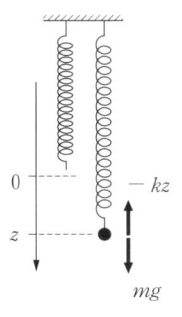

（2）抵抗のある場合**

バネの運動に対して空気の抵抗や摩擦が働くような場合を考えてみよう．これらがあると，振動は次第に減衰し最後には停止することは容易に想像できる．このとき，はじめに振動子に与えられた力学的エネルギーは摩擦熱のような形で散逸し失われる．抵抗がある場合の効果に，第II章4節で用いたような速度に比例する簡単な近似を用いてみよう．このとき振動子の運動方程式は

$$m\ddot{x} = -kx - 2m\gamma\dot{x} \tag{6-4}$$

と表される．速度に比例した抵抗を表す係数 $2m\gamma$ は後の表記を簡単にするようにしてあるだけである．(6-4)式を書き換えると，

$$\ddot{x} + 2\gamma\dot{x} + \omega_0^2 x = 0 \tag{6-5}$$

$\omega_0 = \sqrt{k/m}$ はこれまでと同じ，抵抗がない場合の振動の固有角振動数である．このような微分方程式の解は，指数関数を含む解を仮定することによって求めることができる．すなわち解として

$$x(t) = e^{-\gamma t} g(t) \tag{6-6}$$

という形の解を仮定してこれを(6-5)に代入すると，$g(t)$について，

$$\ddot{g} + (\omega_0^2 - \gamma^2) g = 0 \tag{6-7}$$

となる．ここで $\gamma < \omega_0$ を仮定すると，この式は単振動の方程式であり，(3-8)式のように一般の解として

$$\begin{aligned} g(t) &= A\sin(\omega_1 t + \alpha) \\ \omega_1^2 &= \omega_0^2 - \gamma^2 > 0 \end{aligned} \tag{6-8}$$

の解をもつ．これにより(6-5)の解は，

$$x(t) = A e^{-\gamma t} \sin(\omega_1 t + \alpha) \tag{6-9}$$

である．これは，図6-2のようになり，正弦波の振動の振幅が $e^{-\gamma t}$ に従って時間的に減衰していくことを示している．このとき，減衰していく振動の角振動数 ω_1 は，抵抗のない場合の ω_0 とは異なることに注意しよう．

ここでは $\gamma < \omega_0$ という条件を仮定したが，これは抵抗があまり強くなく振動が次第に減衰する場合を表している．逆に $\gamma > \omega_0$ の場合，すなわち抵抗が強い場合には，(6-7)式の代わりに，

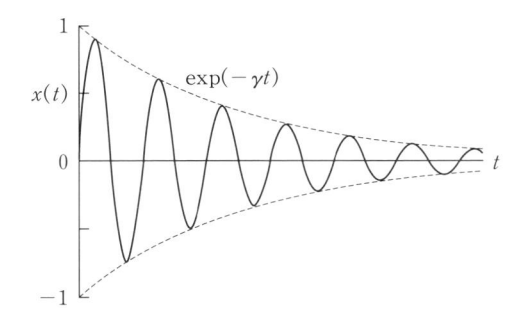

図 6-2

$$\ddot{g} - (\gamma^2 - \omega_0^2)g = 0 \tag{6-10}$$

$$\omega_1{}^2 = \gamma^2 - \omega_0{}^2 > 0 \tag{6-11}$$

の解を用いなければならない．この微分方程式の解は (6-9) の単振動の解ではなく，指数関数で与えられる．すなわち一般解としては，

$$g(t) = A e^{\omega_1 t} + B e^{-\omega_1 t} \tag{6-12}$$

A, B は 2 回の積分に対応する積分定数で，(6-9) の場合の A と α の場合と同じく，初期条件によって決まるものである．これによって (6-5) の解は，

$$x(t) = e^{-\gamma t}(A e^{\omega_1 t} + B e^{-\omega_1 t}) = A e^{-(\gamma-\omega_1)t} + B e^{-(\gamma+\omega_1)t} \tag{6-13}$$

解はゆっくり減衰する項と急速に減衰する項の和になっている．すなわち運動はもはや振動を繰り返すことがなく，平衡の位置での静止に向かってゆっくりと近づいていく（過減衰）．

ちょうど $\gamma = \omega_0$ の場合は，$\ddot{g} = 0$ となり，解は

$$x(t) = e^{-\gamma t}(At + B) \tag{6-14}$$

となる．この場合も振動はなく，平衡の位置へもっとも速く近づいていくことになる（臨界減衰）．

さて，この抵抗のあるバネの運動について (6-3) 式でおこなったように運動方程式 (6-4) の両辺に $\dot{x}$ をかけて変形してみよう．

$$m\dot{x}\ddot{x} = -k\dot{x}x - 2m\gamma\dot{x}^2$$

これは，

$$-\frac{d}{dt}\left(\frac{1}{2}m\dot{x}^2 + \frac{1}{2}kx^2\right) = 2m\gamma\dot{x}^2 \tag{6-15}$$

となる．振動子の力学的エネルギーが保存されるのでなく，その時間的変化量（減少量）が左辺で与えられ，右辺が単位時間に摩擦抵抗によって失われるエネルギーを示しているのである．

（３）振動エネルギーの伝播**

　長いロープの一端を持って上下に振動させると，振動はロープを伝わって進む．静かな水面の１か所に石を投げ込むと波が水面を広がっていく．このような波動という現象は日常的に接する現象である．空気中を伝わる音も，空気の密度の平均的な値からのずれが密度波（疎密波）として伝播する波動である．これらの場合，波を伝えている水や空気などの媒質は，それ自身が空間を移動しているのではなく，個々の位置における媒質の振動としての運動状態，すなわち力学的エネルギーが媒質中を伝播しているところに特徴がある．波の進行方向に対して，媒質の振動の振幅ベクトルが直交している場合は横波（*Transverse wave*），平行の場合は縦波（*Longitudinal wave*）とよばれる．音波は典型的な縦波である．ロープを走る波や水面の波は，厳密には複雑であるが，直感的には横波のモデルとしてイメージできる．

　簡単なモデルとしては，多数のバネ振動子が互いに弱く繋がれて並んでいる場合を考えることができる．一端の振動子が強制的に振動を続けると，これにつれて隣の振動子がその間の相互作用のために振動をはじめる．つぎつぎと並んでいる振動子が順に遅れて振動していく．１個の振動子については隣の振動子と相互作用するために，いわば抵抗のある振動である．したがって振動を続けるためには常にエネルギーが供給されていなければならない．個々の振動子の振れは遅れのために順にずれて，これが波形を作る．波が伝わる速さは，振動子のバネ定数と振動子間の相互作用に依存する．実際に物質中を伝わる波の速さは媒質の密度やヤング率などの物質の性質によって決まる．

　さて，波形としてもっとも簡単な正弦波の場合を考えてみよう．波の進行方向を１次元として x 方向にとり，媒質の振動方向はこれに垂直，すなわち図6-3の横波を考える．原点に波源があって，これが角振動数 ω，振幅 A で振動し

縦波（Longitudinal wave）

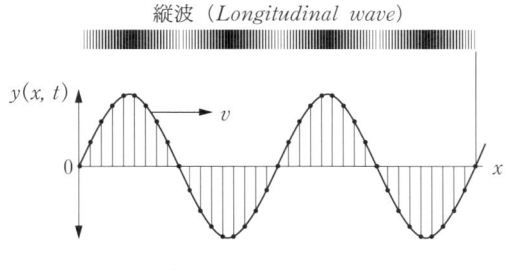

横波（Transverse wave）

図 6-3

ているとする．したがってこの原点での媒質の振動の任意の時刻における振幅は，

$$y = A\sin\omega t \tag{6-16}$$

である（初期位相はゼロとしている）．

　波形が時間によって変化せず一定の速さで伝播しているとすると，すべての位置で媒質は波源と同じ振動数と振幅で振動しており，位置による位相の遅れが波形を作ることになる．波の進行速度を v とすると，振動が原点から距離 x の位置まで到達する時間は x/v である．このとき点 x における振幅は，今より時間 x/v だけ前の時刻における原点での振幅と等しい．したがって任意の位置 x，時刻 t における振幅 $y(x, t)$ は，

$$y(x, t) = A\sin\omega\left(t - \frac{x}{v}\right) \tag{6-17}$$

すなわち，波源が単振動している場合に正弦波が生じる．$\omega(t - x/v)$ は時刻 t，位置 x における波の位相という．

$$\text{振動の周期 } T : T = \frac{2\pi}{\omega} \tag{6-18}$$

$$1\text{秒間の振動数 } f : f = \frac{1}{T} = \frac{\omega}{2\pi} \tag{6-19}$$

である．波の隣り合う山（谷）間の距離は波長 λ である．1秒間に f 回振動する波の場合，その間に f 個の波（波長）が進むので，波の速度は

$$v = f\lambda = \frac{\lambda}{T} = \frac{\omega\lambda}{2\pi} \tag{6-20}$$

の関係となる．これは波の分散関係とよばれる．

(6-17) 式の正弦波では，波の進行方向と振幅の方向を x, y ととり，横波を表しているが，振幅の方向も x 方向，すなわち縦波の場合や，一般に振幅が任意の方向のベクトルである場合も同様に扱うことができる．

波の進行は力学的エネルギーの伝播である．1個の振動子（質量 m）の力学的エネルギーは(6-2)により，最大振幅 A を用いて表すと，

$$E = \frac{1}{2}kA^2 \tag{6-21}$$

である．

$$\omega = \sqrt{\frac{k}{m}} \quad \text{により} \quad E = \frac{1}{2}m\omega^2 A^2 \tag{6-22}$$

これだけのエネルギーが定常的に供給されて伝播していく．振子の単位体積あたりの密度を ρ とすると，単位体積におけるエネルギーは $E = \frac{1}{2}\rho\omega^2 A^2$ である．したがって，単位時間に単位面積を通過して伝播する波のエネルギー，すなわち波の強さ I は

$$I = \frac{1}{2}\rho\omega^2 A^2 v \tag{6-23}$$

である．伝播する波の強度は振幅の自乗に比例することがわかる．

正弦波を表す(6-17)式は位置と時間の関数で，これによって任意の時刻，任意の位置における波の振幅を与えた．これを時間および位置についてそれぞれ2階微分してみよう．時間 t について微分するときには x は固定し，逆に位置 x で微分するときには時間を固定して微分する．このように多変数の関数に対して特定の変数のみについておこなう微分は**偏微分**とよばれ，$\frac{\partial}{\partial t}, \frac{\partial}{\partial x}$ の記法が用いられる．これを用いると，

$$\frac{\partial^2 y(x, t)}{\partial t^2} = -A\omega^2 \sin \omega \left(t - \frac{x}{v} \right) \tag{6-24}$$

$$\frac{\partial^2 y(x, t)}{\partial x^2} = -A\frac{\omega^2}{v^2} \sin \omega \left(t - \frac{x}{v} \right) \tag{6-25}$$

この両者により，

$$\frac{\partial^2 y(x, t)}{\partial x^2} - \frac{1}{v^2}\frac{\partial^2 y(x, t)}{\partial t^2} = 0 \tag{6-26}$$

の関係があることがわかる．すなわち，(6-17)式の正弦波はこの方程式の解に

なっているわけである．この (6-26) 式のような形の方程式は**波動方程式**とよばれる．

　正弦波は波動方程式のもっとも簡単な 1 つの解で，一般には解の関数形は任意にありうる．時間と位置の変数が $t-x/v$ の関係をもっている関数である限り，関数形によらずこれは (6-26) 式を満たし，空間を速度 v で進行する波となる．任意の関数を $f(t-x/v)$ としよう．この時間についての 2 階微分は f''，位置についての 2 階微分は $\frac{1}{v^2}f''$ で，必ず (6-26) 式を満たしている．

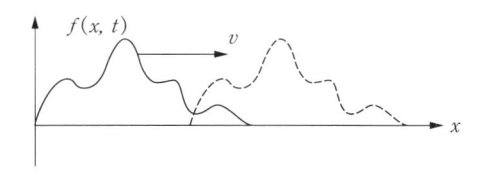

図 6-4

余談：光の波動説と粒子説　ホイヘンス vs. ニュートン

　この章の最後の節で波の伝播の一般論を示した．波動伝播の問題というと何といっても，光の伝播の問題に触れざるをえない．はるか宇宙のかなたの星からやってくる光は波なのか粒子なのか，という議論は，ニュートンより前の時代から20世紀はじめの量子論に至るまで，近代物理学発展のほとんどの期間を通して問題となった最大の課題といっても言い過ぎではないだろう．

　ガリレオ，デカルトとともにニュートン力学の形成に大きな寄与をした人として，ニュートンより14歳先輩のホイヘンスがいる．ホイヘンスは『衝突による物体の運動について』の研究でニュートンの運動の第3法則の基礎を与えたが，一方，光の波動説の提唱者であった．土星の環の発見 (1655)，振子時計の発明 (1673　この中に第III章で紹介したサイクロイド振子がある) などに続いて光に関するホイヘンスの原理 (1678)[1] がある．

　ホイヘンスの原理は，空気の振動の伝播が音波であるのを手がかりとして，光をエーテル粒子の振動の伝播ととらえるところから出発する．各粒子の振動がそれぞれを中心とする波面を生じ (個別波面の概念)，その無数の多くの波面の合成によって1つの波面が構成されるとする．この原理によって，光の直進性，反射 (反射角と入射角は等しい) と屈折 (正弦則) の法則を説明した．エーテル粒子の振動の伝播という概念は，粒子の弾性衝突の伝播で縦波に相当するが，周期性に代表される波動としての厳密な理解はまだなかった．もちろんまだこの段階では光が横波であるという認識もなかった．このホイヘンスの理解には，空間がすべてエーテルで満たされて"空虚 (真空)" はない，また運動は物質間の隣接作用によるものであり，遠隔作用は認めないとするデカルトの自然学の延長線上にある．したがって，ニュートンとは対立する立場である．

　　1) ホイヘンス『光についての論考』原亨吉編，科学の名著 10，朝日出版社．

　ニュートンは力学のみならず光学においても多大な仕事をしている．みずからガラスを磨いてレンズやプリズムを作り観測・実験をしていることは良く知られている．プリズムによって太陽の白色光が七色の要素からなることを発見したのもニュートンである．これらの観測や実験から，ニュートンは光の粒子説を結論した．
　「私見によれば，光をエーテルないしエーテルの運動として定義することはできない．光は発光体から種々の仕方で伝播されるある"もの"である．……光は物質の流出であるとか，その他いっそう適当と思われる何らかのものと考えられよう．私はただ，あたかも海浜の砂粒や，湖水の波や，人間の顔が互いに異なっているのと同様に，光が大きさ，形，力のような付帯的事情によって互い

に区別されるところの，射線から成り立っているということだけを前提にした．さらに光はエーテルの振動とは違うと主張できよう．なぜなら，さもなければ，影も，完全に不透明な面も，ありえないからである．」

(エス・イ・ヴァヴィロフ『アイザク・ニュートン』三田博雄訳，東京図書)
ここでニュートンは色の違いを光の粒子の種類によって説明している．この粒子説によって，光の直進，反射，屈折，色による分散等を説明した．

その後しばらくの間は，ニュートンの力学における功績の偉大さによって，粒子説は波動説をはるかに凌駕するものとなったが，論争は続いた．色によって大きさの異なる粒子を想定するとなると，色が連続的に変化するため，無限に多い種類の粒子の存在を考えなくてはならない．また，屈折を説明するのに光の粒子と物体の間に作用する引力を仮定するが，これによれば光の速度は屈折率の大きな物体中でより大きくなってしまう．

ヤング (*Young* 1773-1829) による光の干渉の研究，フレネル (*Fresnel* 1788-1827) による回折の研究によって，ようやく光の波動性が明確になった．フーコー (*Foucault* 1819-1868) による水中での光速度の測定によって，波動説が完全に勝利を収めたのである．この干渉や回折の理解において，ホイヘンスの個別波面の概念が重要な役割を果たしているのである．光の粒子説はニュートンの唯一の"過ち"と論じた人もいたらしい．

1900年のプランク (*Planck* 1858-1947) の量子仮説，そして1905年，アインシュタイン (*Einstein* 1879-1955) による「光量子」の概念の導入と光電効果の説明によって再び粒子説に命が与えられ，粒子性と波動性の二重性によって，量子論が展開していくことになる．

演習問題 VI

(1) バネ定数 k の軽いバネの一端を床に固定し，他端に質量 m のおもりをつけ，鉛直にたてる．運動は鉛直方向のみに限定されているとする．バネの自然長でのおもりの位置から下方に距離 A だけ押し縮めて離したとき，おもりの達する上端の位置，おもりの速度が最大になる位置とその速度を求めよ．

(2) バンジージャンプに挑戦してみる．体重が M kg の人が自然長 L m の軽いゴムロープを体につけ，ロープの固定点の台上からそっと飛び降りる．ゴムロープの伸びはフックの法則に従うものとし，バネ定数を k とする．人が最下点に達するときの台からの距離を求めよ．またそのときのゴムロープの張力を求めよ．このゴムロープの長さが 20 m で，質量 10 kg のおもりを吊るしたとき 80 cm 伸びるとし，人の体重が 60 kg の場合，ゴムロープの伸びはどれだけか．

(3) 床面から 30° 傾いた滑らかな斜面に沿って軽いバネが吊るしてある．バネの下端は床面から高さ h の位置 O にある．このバネに質量 m のおもりをつけて静かに置くとバネが伸び，床面からの高さが a だけ下がった位置で静止した．このバネのバネ定数を求めよ．また斜面に沿っておもりが振動するときの振動周期を求めよ．おもりを床面の位置まで引っ張って離した後，おもりが最上端に達するときの床からの高さ，床面から最上端までの間のおもりの平均速度を求めよ．

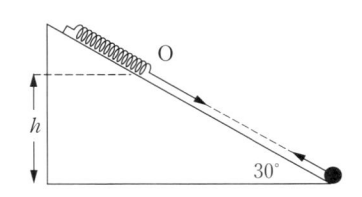

*(4) バネ定数 k のバネに質量 m のおもりをつけた振子が速度に比例した抵抗 (γ) を受けて次第に減衰しながら振動している．1回の振動ごとに振幅の最大値の変化する割合はどれだけか．

*(5) (6-9)式で表される減衰振動で，初期位相 $\alpha = 0$ として，エネルギーの減衰率を時間の関数として示せ．

第VII章
角運動量保存則

第IV章で惑星の運動に関するケプラーの法則を紹介した．惑星の軌道が太陽を1つの焦点とする楕円軌道であり，運動の面積速度が一定であるという結論は，観測事実から導かれたものであった．ニュートンはこのことを運動法則と万有引力をもとにして理論的に導き出したが，ニュートンの方法は伝統的な幾何学に依拠したものであった．角運動量を中心とする明快な解析的方法はずっと後の時代に開発されたものである．ここで紹介する角運動量保存則は中心力場における運動において本質的な意味を持ち，古典物理学においてのみならず，原子，電子を取り扱う量子の世界においても重要な役割を担う．
　ここでは，この角運動量と楕円軌道について触れ，ニュートン力学にいったん区切りをつけよう．

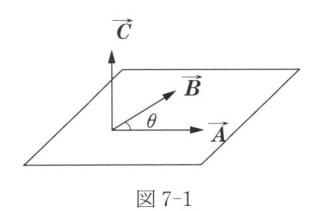

（１）ベクトル積

本論に入る前に，ここで新しいベクトルの積：<u>ベクトル積</u>（ベクトルの**外積**）を導入しておく．今，2つのベクトル $\vec{A}, \vec{B}$ の積として新しいベクトル $\vec{C}$ を次のように定義する．

$$\vec{C} = \vec{A} \times \vec{B} \tag{7-1}$$

$$|\vec{C}| = AB\sin\theta \tag{7-2}$$

ベクトル $\vec{C}$ は2つのベクトル $\vec{A}, \vec{B}$ のある面に垂直な方向をもち，大きさが $\vec{A}, \vec{B}$ でできる平行四辺形の面積に相当するように定義される．$\vec{C}$ の方向は図7-1のように，右手系で積の順序に従ってとる．したがって，$\vec{B} \times \vec{A}$ は反対の方向を向く．

$$\vec{B} \times \vec{A} = -(\vec{A} \times \vec{B}) = -\vec{C} \tag{7-3}$$

(7-2) から明らかなように，同じベクトルのベクトル積はゼロである．

$$\vec{A} \times \vec{A} = 0 \tag{7-4}$$

直交座標系の単位ベクトル i, j, k の間では，したがって，

$$i \times j = k, \quad j \times k = i, \quad k \times i = j \tag{7-5}$$

$$j \times i = -k, \quad k \times j = -i, \quad i \times k = -j \tag{7-6}$$

$$i \times i = j \times j = k \times k = 0 \tag{7-7}$$

の関係がある．

3つのベクトル $\vec{A}, \vec{B}, \vec{C}$ で $(\vec{A} \times \vec{B}) \cdot \vec{C}$ はこの3ベクトルによって作られる平行六面体の体積の量をもつことは，幾何学的にすぐわかる．ゆえに

$$\vec{A} \cdot (\vec{B} \times \vec{C}) = (\vec{A} \times \vec{B}) \cdot \vec{C} \tag{7-8}$$

また，

$$\vec{A} \times (\vec{B} + \vec{C}) = \vec{A} \times \vec{B} + \vec{A} \times \vec{C} \tag{7-9}$$

図 7-1

の関係が成り立つことも幾何学的に理解することができる．
これを用いると，(7-5)−(7-7) により，2 つのベクトルの外積はそれぞれの成分を用いて

$$\vec{A}\times\vec{B}=(A_yB_z-A_zB_y)\bm{i}+(A_zB_x-A_xB_z)\bm{j}+(A_xB_y-A_yB_x)\bm{k} \qquad (7\text{-}10)$$

と表せる．

（2）角運動量

今，原点に結びつけられた軽い棒の先端に質量 m の粒子があり，これに力 $\vec{F}$ が働いて，原点の周りに回転する場合を考える．回転をさせる効果を生む力を回転の**偶力**とよぶ．この偶力は回転の腕の長さと，回転に有効な力の大きさの積で与えられる．同じ回転でも腕の長さが長い場合小さい力で同じ効果を生むからである．これはテコや天秤のつりあい等の経験から理解することができる．

図のように，腕のベクトルを $\vec{r}$ とし，粒子に働く力 $\vec{F}$ と $\vec{r}$ のなす角を θ とすると，原点の周りの回転の偶力の大きさ N は

$$N=rF\sin\theta \qquad (7\text{-}11)$$

である．これは実際に θ が小さければ回転に有効な力は小さくなることから理解することができる．また，回転には方向がある．すなわち，図で見て回転が右回りか左回りかは，$\vec{r}$ と $\vec{F}$ のなす方向によっている．そこでこの回転の偶力を方向も含めて定義する．(7-1),(7-2) のベクトル積の定義により，

$$\vec{N}=\vec{r}\times\vec{F} \qquad (7\text{-}12)$$

とすると，回転の方向はこのベクトル積による方向で一意的に決まる．図 7-2 で

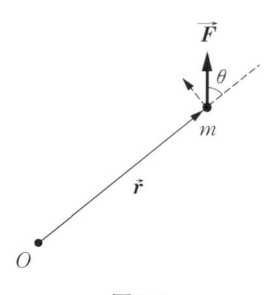

図 7-2

は回転は左回りであり，ベクトル $\vec{N}$ は紙面の前方に向く．すなわち右ねじ系で回転によるねじの進行方向としてとらえることができる．

偶力 $\vec{N}$ は，<u>力のモーメント（トルク）</u>ともよばれる．

余談：レ・メカニケ

　ここに示した力のモーメントの概念のルーツは再びガリレオにある．ガリレオの若い時代の著作『レ・メカニケ』は表題のとおり機械の原理を論じる．まずはじめに竿秤の議論があり，そこで天秤のつりあいを説明する．異なる重さの物体を図のように吊るしてつりあいが実現するのは，それぞれの重さと支点からの距離が関係する．『レ・メカニケ』はつりあいが成立するのは支点からの距離が重さの比に逆比例する場合であることを説明する．ここで，重さと支点からの距離の積としてのモーメントがつりあうとして，モーメントという言葉を導入しているのである．『レ・メカニケ』はこれをもとにして，梃子や輪軸，複滑車などの道具の静力学的な議論を展開する．

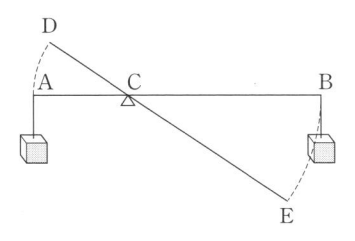

　次に，空間を運動する粒子を考える．図 7-3 のように，位置 $\vec{r}$ における速度 $\vec{v}$（運動量 $\vec{p} = m\vec{v}$）の粒子に対して，<u>角運動量 $\vec{L}$</u> を次のように定義する．

$$\vec{L} = \vec{r} \times \vec{p} = m\vec{r} \times \vec{v} \tag{7-13}$$

ベクトル積で表していることからこの角運動量は，粒子の運動に原点の周りに回転する要素がある場合にもつ量であり，その方向が回転の方向を表すことがわかる．そこでこの角運動量の時間微分を表してみよう．

$$\frac{d\vec{L}}{dt} = \frac{d\vec{r}}{dt} \times \vec{p} + \vec{r} \times \frac{d\vec{p}}{dt}$$

第 1 項は同じベクトル $\vec{r}$ のベクトル積となっているのでゼロであることから

$$\frac{d\vec{L}}{dt} = \vec{r} \times \frac{d\vec{p}}{dt} = \vec{r} \times \vec{F} \tag{7-14}$$

の関係が得られる．すなわち，角運動量の時間変化率は回転の偶力であることがわかる．そしてこれは，ニュートンの運動方程式

$$\frac{d\vec{p}}{dt} = \vec{F}$$

の両辺に $\vec{r}$ をベクトル積したものに他ならない．図 7-3 のように $\vec{r}$ と $\vec{v}$ のなす角を用いて，角運動量の大きさを表すと，

$$L = mrv \sin\theta$$

ところで，$\frac{1}{2} rv \sin\theta$ は，図 7-4 の $\vec{r}$ と $\vec{v}$ でできる三角形の面積であり，これは粒子の運動によってその動径ベクトル $\vec{r}$ が塗りつぶす単位時間あたりの面積 S である．すなわち

$$\frac{1}{2} rv \sin\theta = \frac{dS}{dt} \tag{7-15}$$

これが面積速度である．これにより，粒子の運動の角運動量はその軌道運動の面積速度によって，

$$L = mrv \sin\theta = 2m \frac{dS}{dt} \tag{7-16}$$

と表すこともできる．

さて今，粒子の運動が万有引力や原子核とのクーロン力による電子の運動のように，中心力によっている場合には，力 $\vec{F}$ と動径ベクトル $\vec{r}$ は常に同一直線上にあり，したがって (7-14) のベクトル積は常にゼロである．すなわち角運動量は保存される．中心力による運動では粒子に働くトルクがなく，<u>角運動量保存則</u>が成り立つ．あるいは，その運動において常に<u>面積速度が一定</u>である．また，ベクトル $\vec{L}$ が一定であるからその方向，すなわち $\vec{r}$ と $\vec{v}$ のなす面に直交し

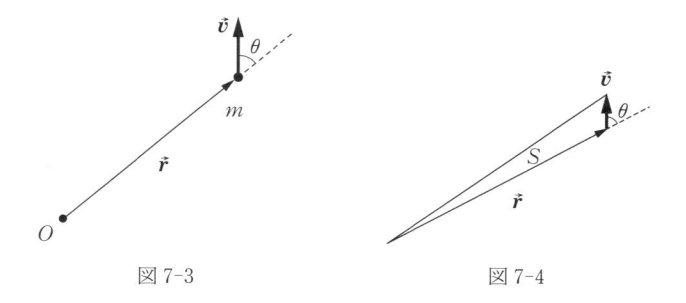

図 7-3

図 7-4

た方向が変化しないので，粒子の運動は一定の平面内であることがわかる．

　角運動量保存則は，中心力場での運動について，ニュートンの運動方程式のみからの帰結であって，エネルギー保存則とは独立に成り立つものである．第Ⅳ章1節で，惑星の運動に関する面積速度一定を含むケプラーの3法則を紹介した．ニュートンの運動方程式から楕円軌道が導かれ，また楕円軌道半径と公転周期の関係も角運動量保存則から完全に導かれる．これについては次節で取り扱う．

余談：*ニュートンの面積速度*

　　ここで，角運動量という新しい概念を導入し，中心力下での運動における角運動量の保存が，面積速度一定というケプラーの法則を導くことを示したが，ニュートンの段階にはまだ角運動量というようなスマートな概念はなかった．しかし，ニュートンは簡単な幾何学的考察で面積速度一定を説明している．『*PRINCIPIA*』の中での説明を紹介しておこう．

　　力の中心 O の周りで粒子が中心力を受けて運動している．粒子が短い時間 Δt の間に位置 A から B に進んだとする．次の時間 Δt の間に，もし粒子にまったく何の力も働かなければ，慣性によって AB の延長上 C まで進む（AB＝BC）．一方，B にいる粒子に慣性がまったくないとすると，そこで働いた中心力によって時間 Δt の間には中心方向に $\overrightarrow{BF}$ だけ進むであろう．結果としての運動は，この2つのベクトル和（平行四辺形の法則）によって決まり，それは $\overrightarrow{BD}$ となる．さてここで，三角形の面積は，
$$\triangle \text{OAB} = \triangle \text{OBC}$$
であり，辺 DC と BF（OB）は平行であるから，
$$\triangle \text{OBC} = \triangle \text{OBD}$$
したがって，
$$\triangle \text{OAB} = \triangle \text{OBD}$$
すなわち，Δt の間に進む面積は等しい．

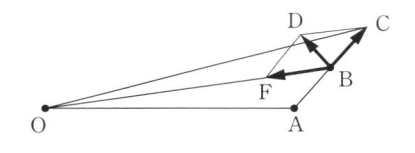

{問 1}
　質量 m の質点が半径 a の円周上を一定の角速度 ω で回っている．このときの角運動量と面積速度を求めよ．

（3）楕円軌道**

　第Ⅳ章 1 節で，万有引力下での惑星の運動について触れたが，運動方程式 (4-5) の解を直接求めることは省略した．この章で角運動量を導入したので，これを用いて，ケプラーの法則を検討してみよう．まずはじめに，楕円軌道の表式を与えておこう．中心を原点として (x, y) 面で図 7-5 のように描いた楕円の軌跡は

$$\frac{x^2}{a^2} + \frac{y^2}{b^2} = 1 \tag{7-17}$$

で与えられる．a は長半径，b は単半径である．これは x 軸上原点から等距離の 2 点 F, F′ に両端を固定した長さ $2a$ の糸を張って描いた軌跡であることが幾何学的にわかる．F, F′ は楕円の焦点とよぶ．
OF＝OF′＝ea として，<u>離心率</u> e ($e^2<1$) を導入すると，図より $b^2 = a^2(1-e^2)$ であり，したがって

$$e = \frac{\sqrt{a^2-b^2}}{a} \tag{7-18}$$

$$\mathrm{OF} = \mathrm{OF}' = \sqrt{a^2-b^2} \tag{7-19}$$

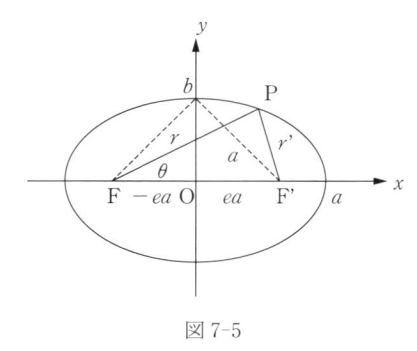

図 7-5

焦点 F（F′）から軌道上の点への距離を r（r'），方位角を θ とすると，余弦定理により
$$r'^2 = r^2 + (2ea)^2 - 4ear\cos\theta$$
$r + r' = 2a$ により，
$$(2a - r)^2 = r^2 + (2ea)^2 - 4ear\cos\theta$$
これから r を解くと，
$$r = \frac{a(1-e^2)}{1-e\cos\theta} = \frac{b^2}{a(1-e\cos\theta)}$$
これより，
$$\frac{1}{r} = \frac{a}{b^2}(1 - e\cos\theta) \tag{7-20}$$
これが焦点 F を原点にとって極座標で表した楕円軌道である．

さて，万有引力による惑星の運動に対するニュートンの運動方程式 (4-5)
$$m\ddot{\boldsymbol{r}} = -G\frac{Mm}{r^2}\hat{\boldsymbol{r}}$$
の一般解が楕円軌道を与えることを示す方法として，
① 方程式を極座標 (r, θ) で分離し時間積分して，直接時間 t を消去して軌跡を求める．
② 逆に，楕円軌道を微分し，動径方向加速度 $(\ddot{r})$ を求め，これが $-r^{-2}$ に比例することを示す．
③ 力学的エネルギーから軌跡を導出する．

があるが，ここでは計算過程が比較的簡単な③の方法を紹介しよう．

万有引力下で運動する惑星の力学的エネルギーは第 V 章 (5-16) 式
$$E = \frac{1}{2}mv^2 - G\frac{Mm}{r}$$
ここで速度 v を極座標 (r, θ) に変換しておこう．
単位ベクトルを $(\boldsymbol{i}, \boldsymbol{j})$ の代わりに $(\hat{\boldsymbol{r}}, \hat{\boldsymbol{\theta}})$ をとる．
図 7-6 より，
$$\boldsymbol{v} = v_r\hat{\boldsymbol{r}} + v_\theta\hat{\boldsymbol{\theta}} = \dot{r}\hat{\boldsymbol{r}} + r\dot{\theta}\hat{\boldsymbol{\theta}}$$
$$v^2 = \dot{r}^2 + (r\dot{\theta})^2$$
これによって，力学的エネルギーは

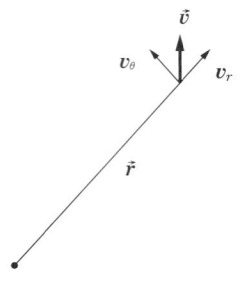

図 7-6

$$E = \frac{1}{2}m\dot{r}^2 + \frac{1}{2}mr^2\dot{\theta}^2 - G\frac{Mm}{r} \tag{7-21}$$

前節での議論により，この運動は角運動量 L が保存されている．

$$L = mrv\sin\theta = mrv_\theta = mr^2\dot{\theta} \tag{7-22}$$

ゆえに，$\dfrac{1}{2}mr^2\dot{\theta}^2 = \dfrac{1}{2}\dfrac{L^2}{mr^2}$

これによって (7-21) は

$$E = \frac{1}{2}m\dot{r}^2 + \frac{1}{2}\frac{L^2}{mr^2} - G\frac{Mm}{r} \equiv \frac{1}{2}m\dot{r}^2 + U_{eff}(r) \tag{7-23}$$

すなわち，力学的エネルギーが一定の角運動量を用いることによって動径方向 r のみの関数として表された．$U_{eff}(r)$ はこの 1 次元の運動の<u>有効ポテンシャル</u>である．

次に，$\dot{r}$ について，

$$\frac{dr}{dt} = \frac{dr}{d\theta}\frac{d\theta}{dt} \text{ とし，} u = 1/r \text{ とおくと，}$$

$$\frac{dr}{d\theta} = \frac{d}{d\theta}\left(\frac{1}{u}\right) = -\frac{1}{u^2}\frac{du}{d\theta}$$

また (7-22) より，$\dfrac{d\theta}{dt} \equiv \dot{\theta} = \dfrac{L}{mr^2} = \dfrac{L}{m}u^2$

であるから，$\dfrac{dr}{dt} = -\dfrac{L}{m}\dfrac{du}{d\theta}$

これにより (7-23) は

$$E = \frac{L^2}{2m}\left(\frac{du}{d\theta}\right)^2 + \frac{L^2}{2m}u^2 - GMmu \tag{7-24}$$

ここで，力学的エネルギーは時間を含まないものとして表された．

次にこの両辺を θ で微分する．E は一定であるから，

$$0 = \frac{L^2}{m}\frac{du}{d\theta}\frac{d^2u}{d\theta^2} + \frac{L^2}{m}u\frac{du}{d\theta} - GMm\frac{du}{d\theta}$$

$$\therefore \quad \frac{L^2}{m}\frac{d^2u}{d\theta^2} + \frac{L^2}{m}u = GMm \tag{7-25}$$

そこで

$$\frac{m^2}{L^2}GM \equiv \frac{1}{d} \tag{7-26}$$

とおくと，(7-25) は

$$\frac{d^2u}{d\theta^2} = \frac{1}{d} - u$$

になる．この型の微分方程式は第III章2節で取り扱ったバネの運動方程式 (3-13) と同じであり，したがって (3-15) の型の解をもつ．すなわち，

$$u(\theta) = \frac{1}{d} + A\sin(\theta + \alpha) \tag{7-27}$$

$u=1/r$ であるから，これは r と θ の関係，すなわち軌跡を与える．はじめの楕円の図のように表すために，$\theta=0$ で r が最大になるように，積分定数 α を選ぶと，$A>0$ として，$\alpha = \frac{3}{2}\pi$．したがって

$$\frac{1}{r} = \frac{1}{d} - A\cos\theta = \frac{1}{d}(1 - Ad\cos\theta) \tag{7-28}$$

これは (7-20) 式の楕円を与えている．定数 d は $d=b^2/a$ で，楕円の形状を決める．離心率は $e=Ad$ で与えられ，未定の係数は A のみである．これは力学的エネルギーから決まる．すなわち，(7-24) に (7-28) を代入して

$$\begin{aligned}E &= \frac{L^2A^2}{2m}\sin^2\theta + \frac{L^2}{2m}\left(\frac{1}{d} - A\cos\theta\right)^2 - GMm\left(\frac{1}{d} - A\cos\theta\right) \\ &= \frac{L^2A^2}{2m} - \frac{L^2}{2md^2} = \frac{L^2}{2md^2}(e^2-1) = \frac{G^2M^2m^3}{2L^2}(e^2-1)\end{aligned} \tag{7-29}$$

結局，惑星の運動がもつ力学的エネルギーが与えられると，これによって e が決まり，したがって A が決まる，すなわち軌道が完全に決まる．軌道が楕円になるための条件は離心率の条件 $e^2<1$ であり，これは $E<0$ であることに対応する．

{問2}

ケプラーの第3法則「惑星の公転周期の自乗は楕円軌道の長径の3乗に比例する．」を示せ．

ヒント

楕円の面積は πab，軌道周期 T は面積速度 $\dot{S}$ を用いると，

$$T = \frac{\pi ab}{\dot{S}}$$

である．これに $d = b^2/a$，(7-26) を用いて導かれる．

（4）決定論的世界観とそれからの離脱

さて，この章で角運動量を取り扱ったことによって，ニュートンの運動方程式にかかわる議論の基本的な点はほぼ出尽くしたので，この章の最後にニュートン力学の位置づけについて少し触れておくことにしよう．

ニュートンの運動方程式は時間に関する2階の微分方程式であり，ある時刻における粒子の位置と速度（運動量）を初期条件として与えれば，任意の時刻における位置と速度を決定することができる．これはこれまでに取り扱ってきたような簡単な運動に限らず，多くの粒子が相互に作用を及ぼしあっている系でも，それらの全体が孤立系である限り，個々の粒子に働く力を互いに及ぼしあう相互作用のすべてによって表すことによって，運動方程式を書くことが原理的には可能である．もちろん，これらを解析的に解くことができる場合は稀であるが，第II章4節の抵抗のある運動の最後に述べたように，数値的に解を求めることも含めて考えると，解は求められるものと期待できる．すなわち，系の初期条件がいったん与えられる限り，過去から未来にわたるすべての運動が決定できるという性格を持っているといえる．これはニュートン力学の**決定論的世界観**といわれる．ラプラス（*Laplace* 1749-1827）は「初期条件を完全に知ることができるデーモンがいたら，未来永劫にわたって宇宙がどうなるかを予測することができる」と述べ，このような世界観は単に物理学の世界に限らず，思想的にも大きな影響を与えた．

このような決定論的性格をもつニュートン力学が自然のすべてを完全には説明しえないことがその後に気づかれ，また観測や実験に現れて，熱力学と量子力学において新しい概念が導入されていくことになる．ここではこれらの前に，ニュートン力学の枠組みの範囲内においても，長期的な予測が不可能な現象，**カオス**について少しだけ触れておこう．これは 19 世紀末にポアンカレ (*Poincare* 1854-1912) によって示された太陽系の周期運動の長期的な不安定性の示唆からはじまっている．

地球に対する月の運動，太陽に対する地球の運動といった 2 体問題は，万有引力を介した運動方程式によって完全に解析された．しかし，月は当然のことながら地球の引力に比べると弱いけれども太陽の引力の影響も受けている．問題を 3 体問題とするとたちどころに解を求めることが困難になる．

月は太陽の周りを地球といっしょに 1 年周期で回転しながら，同時に地球の周りを約 28 日の周期で円運動している．月が太陽に少し近い場合と，逆に遠い場合があり，太陽による引力が異なることによる補正が必要になる．このわずかなずれは月と地球の関係を乱すことになり，地球の周りの円運動のわずかなずれをもたらす．これはまた月と太陽の関係をわずかに変えることになる……．多数回の周期運動によって，このような補正が互いに打ち消しあうように作用していれば，周期運動を破壊することはないが，逆に補正が徐々に増幅されるような効き方をすると，ある時点から突然周期運動の破壊が起こることが考えられる．

太陽の周りを回る 2 つの惑星の周期が異なるとき，両者の周期の比が有理数の場合には両惑星間の相対位置が同じになる時があり，長期的な運動の間に相互作用が増幅される可能性がある．木星と火星の間には多数の小惑星があり太陽の周りを回っているが，質量の大きい木星による万有引力は無視できない．これらの小惑星の回転周期には木星の回転周期と整数比になるものがほとんどないという観測事実は，このような効果によっているのでないかと考えられている．

変化の規則，すなわち運動法則は決まっていて決定論的であるが，長期的予測は不可能で，長時間の経過の後に不規則運動になる現象がカオスとよばれている．周期運動になるか不規則運動になるかは微分方程式を見ただけではわか

らず，膨大な数値計算をしてみなければわからないのである．

　このような新しい概念が生まれたのは，大容量，高速のコンピュータが威力を発揮してはじめて可能になり，これに伴って理論的にも開発が進められた．周期運動とその破れという点からは，ここに例示したような惑星の運動に限らず，複数の生物種の相互作用と淘汰，天気予報，自由経済の動向といった広い分野での議論がある．

演習問題 VII

(1) 質量 m の質点が x-y 面内を直線 $y=a$ に沿って一定の速さ v で運動しているとき，その質点の角運動量と面積速度を求めよ．この角運動量は保存されているか．

(2) 滑らかな水平面上で，質量 m の粒子が糸につながれて等速回転している．糸を回転中心の小穴を通してゆっくり引っ張り，回転半径を縮めていく．はじめの回転半径を a，速度を v_0 とすると，半径が b になったときの速度を求めよ．回転半径が a から b に変化した間の，運動エネルギーの変化量と，糸を引いてした仕事量を求めよ．

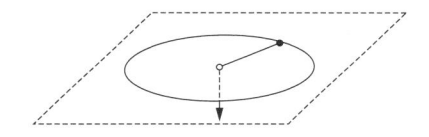

(3) 地球の半径を R，質量を M とする．地表から水平方向に質量 m の衛星を初速度 v_0 で打ち出す．ここでその打ち出し速度は，衛星が地表上を円運動するに必要な速度（第1宇宙速度）よりも大きく，地球の引力から脱出してしまう速度（第2宇宙速度）よりも小さいとする．このとき衛星が地球からもっとも遠い位置での距離とそのときの速度を求めよ．

第VIII章
静電場

ここで話を第Ⅴ章で展開した場の議論に戻し，これを発展させよう．典型的な保存場である中心力場として，自然界における万有引力の場とクーロン力の場があった．とくにこの両方とも，力が粒子間距離の自乗に反比例する点で共通の性質をもち，自然の諸現象において重要な役割を演じている．万有引力の場合，惑星の運動のように簡単な2体間の相互作用を考える場合が多いが，クーロン力は，電子や原子核あるいはその集合としての電荷をもつ粒子の間の相互作用であり，これらの荷電粒子のきわめて多数の集合体がわれわれの身の回りの物質を構成している．この章では，このような多数の粒子の集合が作る場の性質を考えよう．クーロン電場を扱っていくが，$1/r^2$の依存性をもつという点では万有引力の場合にも，力のベクトルが引力か斥力かで方向が異なることに注意すれば，共通の議論になる．

　議論の前提として，原子核，電子のように正，負の電荷を持つ粒子が存在し，その間には引力（異符号間）と斥力（同符号間）が働くこと，および電荷の総量は保存されていて生成や消滅はないこと（*charge conservation*）を認めよう．

（１）電場の重ね合わせ

第IV章で，電荷量 Q と q をもつ2つの粒子間に働くクーロン力を導入した．それは，MKS 単位系では

$$\vec{F} = \frac{1}{4\pi\varepsilon_0} \frac{Qq}{r^2} \hat{r} \tag{8-1}$$

と表された．

静止した電荷 Q の周りには球対称にクーロン力を生む場があり，その中に他の電荷 q を置くと (8-1) の力が作用する．そこで，Q が空間に作る場を，その中に1Cの単位電荷をおいたとき受ける力で表し，電場 $\vec{E}$ とする（図8-1）．すなわち，点電荷 Q による電場は，

$$\vec{E}(r) = \frac{1}{4\pi\varepsilon_0} \frac{Q}{r^2} \hat{r} \tag{8-2}$$

であり，電場の単位は N/C である．いうまでもなく (8-1) から，この電場の中においた電荷 q の受ける力は

$$\vec{F} = q\vec{E} \tag{8-3}$$

である．

正負各種の電荷がさまざまな距離で分布するとき，それらが互いに及ぼしあう力はそれぞれの2体間に働く力のベクトルの合力で決まる．これは実験的に確認されることとして認めよう．電荷1，2，3があるとき，3が受ける力は1，2のそれぞれが及ぼす力の合力である．このことから，空間に多数の電荷が分布しているとき，任意の位置でのこれらによる電場は，各粒子がその位置に作る電場ベクトルの和である．すなわち

$$\vec{E}(r_j) = \frac{1}{4\pi\varepsilon_0} \sum_i \frac{Q_i}{r_{ij}^2} \hat{r}_{ij} \tag{8-4}$$

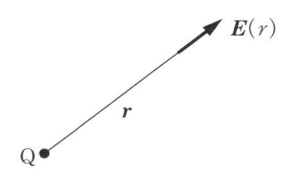

図 8-1

このことを場の重ね合わせの原理とよぶ．

場の重ね合わせの簡単な例を示しておこう．

{例題 1}

図 8-2 のように，2 つの同じ電荷によってできる電場を求める．今距離 $2a$ だけ離れた 2 点 A, B に電荷量 q の点電荷がある．A, B から等距離で辺 AB から x の距離の位置 P における電場を求めよ．

(解)

A, B のそれぞれからの電場は，大きさは等しいがベクトルの方向は異なり，求める電場はこの 2 つのベクトル $\vec{E}_A$, $\vec{E}_B$ の和である．ゆえに方向は辺 AB に直交することは明らかである．大きさは

$$|\vec{E}| = 2 \cdot \frac{q}{4\pi\varepsilon_0} \frac{1}{a^2+x^2} \cos\theta$$
$$= \frac{qx}{2\pi\varepsilon_0}(a^2+x^2)^{-\frac{3}{2}} \tag{8-5}$$

{例題 2}

図 8-3 のように半径 r の円周上に等間隔に n 個の電荷 (q) が配置されている．このときこの円輪の中心を通る軸上高さ h の点 P における電場を求めよ．

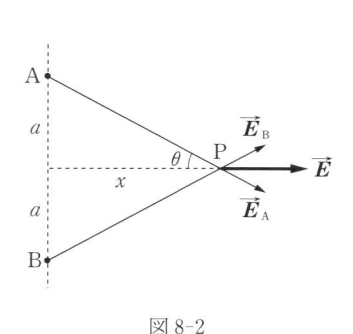

図 8-2

図 8-3

(解)

各電荷から点Pまでの距離は等しいのでここでも求める電場は軸方向をもち，大きさは各電荷からの電場の軸方向成分の和となる．

$$|\vec{E}| = n \cdot \frac{q}{4\pi\varepsilon_0} \frac{1}{r^2+h^2} \cos\theta$$
$$= \frac{nqh}{4\pi\varepsilon_0}(r^2+h^2)^{-\frac{3}{2}} \tag{8-6}$$

電荷が空間に連続的に分布するとき，分布する電荷量は位置の関数として電荷密度 $\rho(\boldsymbol{r})$ によって与えられ，これが作る電場は (8-4) の和を空間積分に置き換えたものとなる．この簡単な例は，電荷が長い直線状に，あるいは広い平面状に一様に分布している場合で，それぞれ上の例題1，2を拡張して連続的な電荷分布が作る電場が求められる．

{例題3}

正電荷が単位長さあたり σ (C/m) の一定の密度で，無限に長い直線状に分布している．この線電荷の周りの電場を求めよ．

(解)

電場は線電荷の周りで軸対称になることは明らかなので，線より距離 x の位置での電場を求めよう．求める電場は線電荷の微小な要素のそれぞれからの電場の重ね合わせである．図8-4のように小さな部分 Δz による電場の水平方向成分 ΔE を求め，これを dz について加えあわせればよい．例題1を参考にすると，図のような角度 θ を用いて，

$$\Delta E = \frac{1}{4\pi\varepsilon_0} \frac{\sigma \Delta z}{r^2} \cos\theta$$

r を x で表し，また $\Delta z \cos\theta = r\Delta\theta$ を用いると

$$\Delta E = \frac{1}{4\pi\varepsilon_0} \frac{\sigma}{x} \cos\theta \Delta\theta$$

結局，線電荷の作る電場は

$$E(x) = \frac{\sigma}{4\pi\varepsilon_0 x} \int_{-\frac{\pi}{2}}^{\frac{\pi}{2}} \cos\theta\, d\theta = \frac{\sigma}{2\pi\varepsilon_0 x} \tag{8-7}$$

図 8-4

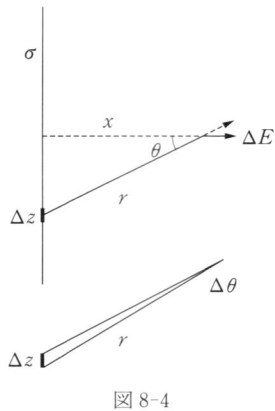

{例題 4}

半径 a の円板上に正電荷が単位面積あたり σ (C/m²) の一定の面密度で一様に分布している．このとき板の中心から高さ h の位置での電場を求めよ．

(解)

このためにまず，半径 r で微少な幅 Δr の円輪上に σ の電荷が一定の面密度で分布している場合を考えよう．図のように円輪上長さ Δy の微小部分の電荷 $\sigma \Delta y \Delta r$ が点 P に作る電場の鉛直方向成分 ΔE を求め，円輪の各部分からの寄与を合わせればよい．これは例題 2 と同じである．したがって

$$E(r) = \frac{1}{4\pi\varepsilon_0} \frac{2\pi r \Delta r \sigma}{R^2} \cos\theta = \frac{r\Delta r \sigma}{2\varepsilon_0} \frac{h}{(r^2+h^2)^{3/2}} \tag{8-8}$$

さて，円板上の半径 r，微小な幅 Δr の円輪上部分の電荷が点 P に作る電場を改

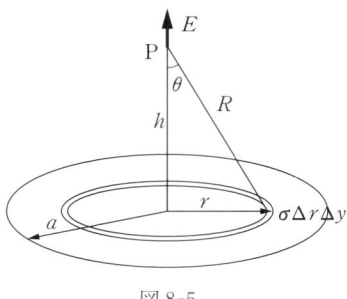

図 8-5

めて $\Delta E(r)$ とするとこれは，(8-8) で

$$\Delta E(r) = \frac{\sigma h}{2\varepsilon_0} \frac{r\Delta r}{(r^2+h^2)^{3/2}}$$

これにより，円板上に分布した電荷による電場は

$$E = \frac{\sigma h}{2\varepsilon_0} \int_0^a \frac{rdr}{(r^2+h^2)^{3/2}} = \frac{\sigma h}{2\varepsilon_0}\left(\frac{1}{h} - \frac{1}{\sqrt{a^2+h^2}}\right) \tag{8-9}$$

と求められる．とくに，円板の半径 a が十分に大きい場合，すなわち無限に大きい板状電荷から高さ h における電場強度 $E(h)$ は (8-9) から，

$$E(h) = \frac{\sigma}{2\varepsilon_0} \tag{8-10}$$

となり，板からの高さによらない一定の電場強度となる．

{問 1}
密度 σ (C/m²) で一様に電荷が分布した十分に広い板状電荷が 2 枚平行におかれている場合，内外の電場を求めよ．また，一方に対して他方が負電荷の場合にはどうか．

半径 R の球内に電荷（質量）が一様な密度でつまっている場合{原子核（地球）}，その中心から距離 r の位置での電場（重力場）も，このような場の重ね合わせにより求めることができる．これはすでに第Ⅳ章 2 節で力の問題として求めたが，計算は面倒であった．距離の自乗に逆比例する場の基本的な性質として，より一般的なガウス法則を次節で述べ，この問題に再び触れることにしよう．

（2）ガウス法則

単一の点電荷が空間に作る電場は，電荷から発して無限遠まで球対称に空間を埋め尽くして分布する．それぞれの位置における電場はその位置に単位電荷を置いたとき受ける力のベクトルであり，図 8-6 のように矢印を用いて模式的に表すことができる．矢印の長さは電場の強さを表し，電荷からの距離により $1/r^2$ で小さくなる．

図 8-7 は，電荷量の等しい正負の電荷が一定の距離に固定されている場合の

図 8-6

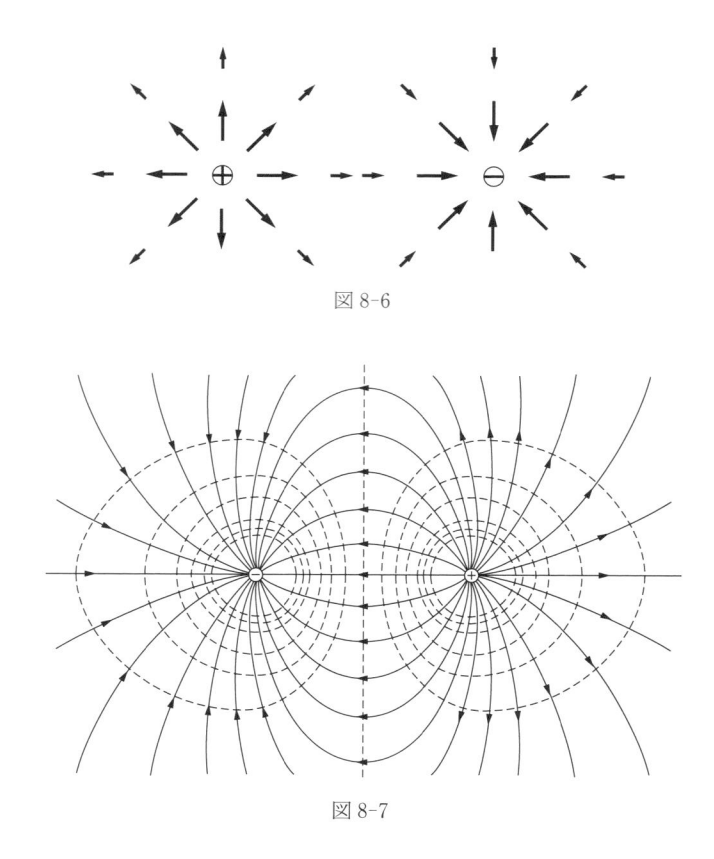

図 8-7

電場の様子を表している．矢印を繋いで連続的な曲線として場の状態を表したものを**電気力線**とよぶ．場は正電荷から出発して負電荷に収束する，あたかも流体の連続的な流れのようにイメージすることができる．

さて，ここで新たに，$1/r^2$ の依存性をもつ場の基本的な性質を明らかにしよう．今，単一の正電荷 (Q) が空間に作る場を考える．電場 $\vec{E}(\boldsymbol{r})$ はこの電荷を中心として球対称，放射状に空間を埋め尽くしている．図 8-8 のように，空間のある場所において微小な面積 ΔS をとり，この面積を貫いて出ていく電場の量を考えよう．電場は"流れ"のように見ることができ，微小面を単位時間に通過する水の流れを類推することができる．"電場の流れ"(Flux) の量を N と表し，電場ベクトルと面が直交しているとき，$N = E\Delta S$ としよう．電場方向に対して面が傾いている一般の場合，面の垂線の方向と電場方向の間の角 θ を用

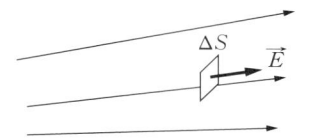

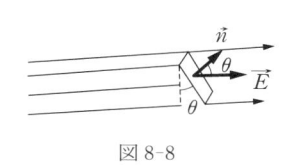

図 8-8

いて
$$N = E\Delta S \cos\theta = \vec{E}\cdot\vec{n}\Delta S \tag{8-11}$$

と表すことができる．ここで $\vec{n}$ は面 dS の垂線の方向を表す単位ベクトルであり，$\vec{n}\Delta S$ は**面積ベクトル**とよぶ．このベクトルのスカラー積による表示を用いると，場が面の外側から内側に流れ込む場合は N が負の値をもつものとして一般的に扱うことができる．

一般に空間で任意に選んだ面 S を貫通する Flux はその面の各微小部分における Flux の和であるから，
$$N = \sum_{dS}\vec{E}\cdot\vec{n}dS = \int_S \vec{E}\cdot\vec{n}dS \tag{8-12}$$

として，<u>場の面積積分</u>で表すことができる．

さて，面 S として，完全に閉じた空間の表面をとろう．この閉じた面を内部から外部に向かって出ていく場の Flux の総量を考える．図 8-9 のように放射状にある電場の微小なコーンをとり，これが面を貫通する部分を見ると，流入と流出が対応している．流入側の Flux は $N_1 = \vec{E}\cdot\vec{n}\Delta S = -E_1 \Delta S_1$ であり（閉じた空間の表面からの流出量を考えているので，流入量は負になる），流出側では $N_2 = \vec{E}\cdot\vec{n}\Delta S = E_2 \Delta S_2$ であるが，微小なコーンを考えているから，$E_2 = E_1 \dfrac{r_1^2}{r_2^2}$ であり，また $dS_2 = dS_1 \dfrac{r_2^2}{r_1^2}$ の量的な関係があるから，結局 $N_1 + N_2 = 0$ である．直観的にわかるように，流入分だけ流出していることを示している．すべての表面についてこのことがいえるので，閉じた曲面からの全 Flux（流出量）は

図 8-9

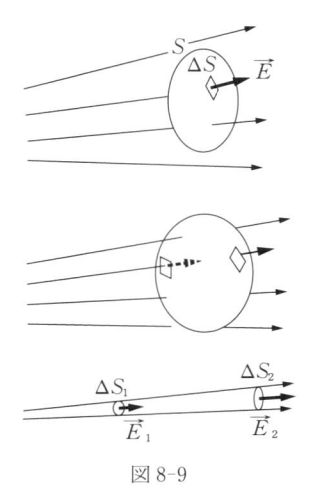

$$N = \int_S \vec{E} \cdot \vec{n} dS = 0 \tag{8-13}$$

である．

　(8-13) が成り立つのは，閉じた曲面の内部に場の源としての電荷が存在しない場合である．次に曲面内に電荷がある場合を考えよう．まず，単一の電荷 Q を中心として囲む球状の面を見る．球表面上での電場は

$$\vec{E} = \frac{Q}{4\pi\varepsilon_0} \frac{\hat{r}}{r^2} \tag{8-14}$$

で，表面上のすべての位置で電場強度は一定であり，場は面の法線方向をもっている．ゆえに N は［電場強度］×［表面積］で，

$$N = \int_S \vec{E} \cdot \vec{n} dS = \frac{Q}{4\pi\varepsilon_0} \frac{1}{r^2} 4\pi r^2 = \frac{Q}{\varepsilon_0} \tag{8-15}$$

であり，Flux は中心からの距離によらず一定である．次に一般の曲面を考えるが，図 8-10 からわかるように内部に仮想的な球面を考えれば，ここを流出する Flux が任意の曲面を流出するので，(8-15) がそのまま適応できることがわかる．

　(8-13) と (8-15) を一括して一般に電場の空間において任意の閉じた曲面をとるとき，その表面から流出する場の面積積分は

$$\int_S \vec{E} \cdot \vec{n} dS = \frac{Q}{\varepsilon_0} \tag{8-16}$$

図 8-10

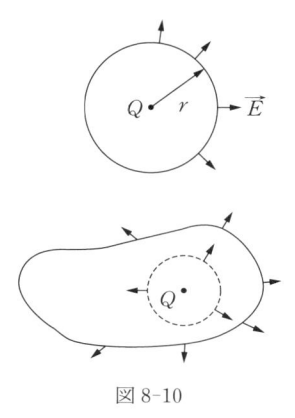

ここで，Q は選んだ閉曲面の内部に含まれる電荷量である．

一般に電荷が単一でなく空間に分布していても，場はそれぞれの電荷による場の重ね合わせであるので，結果としての電場 $\vec{E}$ と曲面内のすべての電荷量の間で，(8-16) は一般に成り立つ．電荷が密度 ρ で空間に分布している場合，(8-16) は

$$\int_S \vec{E}\cdot\vec{n}dS = \frac{1}{\varepsilon_0}\int_V \rho(\boldsymbol{r})dV \tag{8-17}$$

ここで，右辺の積分は曲面 S の内部の電荷分布の，曲面が囲む体積 V についての積分（総和）である．(8-16),(8-17) は**ガウス法則**とよばれる．その基礎は場が $1/r^2$ の依存性をもつことにあり，したがって，誘電率の定数を別にすれば万有引力の場についても同じ議論が成り立つ．

さて，このガウス法則を用いて電場を求めるいくつかの例を試みてみよう．

{例題５} **直線電荷が作る電場**
前節の例題 3 で十分に長い直線状電荷による電場を，クーロン電場の重ね合わせにより求めた．同じ問題をガウス法則を用いて調べて見よう．

（解）
(8-16),(8-17) 式では，電荷を囲む適当な閉じた空間をとり，その表面からの

Flux の総量が，内部に含まれる電荷量と結びつけられた．このことから電場を求めるには，場の空間的な対称性にもとづいて面をうまく選ぶことによって関係を記述すればよい．

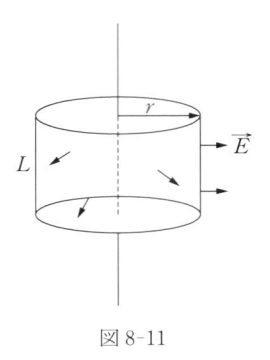

図 8-11

今，直線から距離 r の位置での電場を求める．図 8-11 のように直線を取り囲む半径 r の円筒を閉じた空間として選ぼう．円筒の長さは任意で，L としておく．電場は直線について軸対称であり常に直線と直交する方向をもつから，円筒側面での電場はどこでも面に対して法線方向で大きさは一定である．この求めたい電場強度を E としておく．円筒の上下面からの Flux は面の方向と電場方向が直交しているのでゼロである．ゆえに (8-16) を表すと，

$$\int_S \vec{E} \cdot \vec{n} dS = 2\pi r L \cdot E = \frac{\sigma L}{\varepsilon_0}$$

これから電場は

$$E = \frac{\sigma}{2\pi\varepsilon_0 r} \qquad (8\text{-}18)$$

{問 2}

前節例題 4 で求めた無限に広い板に一様に分布した電荷が作る電場 (8-10) を，ガウス法則を用いて求めよ．

{例題 6} 原子核が作る電場

クーロン電場の重ね合わせを議論したときには後回しにした，電荷球が作る電場を求めよう．半径 a の球内に正電荷が密度 ρ で一様に分布しているとき，球の内外の電場を求める．原子核はこのような電荷球としてイメー

ジすることができる．

(解)
電荷分布と場はすべて球対称であることを念頭におく．はじめに球の外部の電場を求めよう．中心から距離 r の位置での電場を求めるために半径 r の球表面を考えると，その表面での電場 $\vec{E}$ はすべて表面方向をもち大きさは一定である．ゆえに (8-17) は

$$\int_S \vec{E}\cdot\vec{n}dS = 4\pi r^2 E = \frac{Q}{\varepsilon_0} \quad \left(Q = \frac{4\pi}{3}a^3\rho\right)$$

したがって，求める電場は

$$E(r) = \frac{Q}{4\pi\varepsilon_0 r^2} \tag{8-19}$$

これは，点電荷 Q が作るクーロン電場そのものである．すなわち，球外での電場は電荷が球対称に分布している限り，球の大きさによらす電荷がすべて中心に集まっているのと同じである．

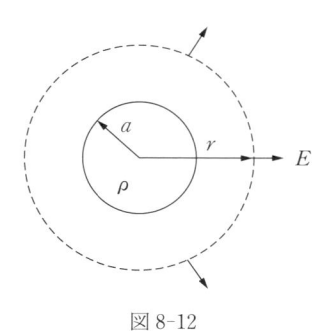

図 8-12

次に球内での電場を求めよう．やはり球内に半径 r の球表面を考え (8-17) を表すと，

$$\int_S \vec{E}\cdot\vec{n}dS = 4\pi r^2 E = \frac{1}{\varepsilon_0}\frac{4\pi}{3}r^3\rho$$

ゆえに

$$E(r) = \frac{\rho}{3\varepsilon_0}r = \frac{Q}{4\pi\varepsilon_0 a^3}r \tag{8-20}$$

ここでは選んだ半径 r の球より外部にある電荷はそれより内部での電場にはいっさい寄与していない．電場強度を r の関数として図示したものが図 8-13 である．

図 8-13

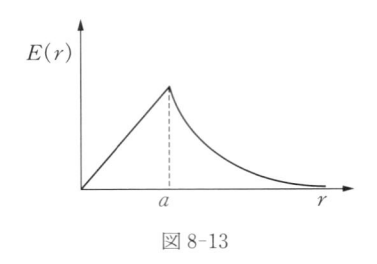

　第IV章で，万有引力下での物体の運動を論じたとき，たとえば，地球の周りを運動する人工衛星を考える場合，万有引力は地球の大きさを考えず，質量がすべて地球の中心に集中しているものとして議論した．これを正当づけるのが (8-19) 式である．クーロン力でも万有引力でも $1/r^2$ 則にもとづく場の基本的な性質としてこのガウス法則があるからである．

{問 3}
　　半径 a の球の表面にのみ電荷が一様に密度 $\sigma(C/cm^2)$ で分布し，球の内部は真空の空洞である場合，球の内外の電場を求めよ．

（3）静電ポテンシャル (*Electrostatic Potential*)

　第V章 3 節で，保存力場における位置エネルギーを導入した．クーロン電場はいうまでもなく保存力場である．場の中に電荷を置くと力を受ける．この力に抗して電荷を移動させるのには仕事を要する．この仕事の大きさが場の位置エネルギーの差を与えた．とくに，クーロン場のように $1/r^2$ の依存性をもつ場では，(5-14) 式のように，力が無視できる無限遠に基準をとり，力の中心からの距離の関数として位置エネルギーを表した．
　今，原点にある電荷 Q が作る場の中に置かれた電荷 q の粒子の受けるクーロン力は，

$$\vec{F} = \frac{q}{4\pi\varepsilon_0}\frac{Q}{r^2}\hat{r} = q\vec{E}(r) \tag{8-21}$$

この q の粒子が位置 r でもつ位置エネルギーは (5-14) により，

余談：キャヴェンディッシュの実験

問 3 で，内部には電場がないことは，ガウスの法則を用いて検討すればすぐにわかる．このような性質の根拠はクーロン力（電場）が $1/r^2$ 則にもとづくことによっている．地球が完全に球対称でその内部が空洞であったとすると，内部は完全に無重力となる．このことを実験で示したのはキャヴェンディッシュ（$Cavendish$ 1731-1810）であることが，後年にマクスウェルによって明らかにされた．その実験は，内部が空洞の金属球殻の中に小さい金属球を入れておき，外部球に電荷を与えて帯電させても，内部の金属球には静電気的に何の変化も生じない（図 8-14），というものであった．実験の厳密さがどの程度であったかは別として，このことの理解に至っていたことの意味は大きい．クーロンは電荷間の力を，ねじり秤を用いて直接測定したのであるが，これによって $1/r^2$ 則を得る精度と比べると，キャヴェンディッシュの実験は理解としては完全な $1/r^2$ 則を示すものということができる．ガウス法則という理解が確立していなくても，空洞内部で力が働かないということは簡単な考察で理解することができる．空洞内の任意の位置に点電荷を置いたとき，これに周りの球殻から働く力がどのようになるかを考えてみればよい．

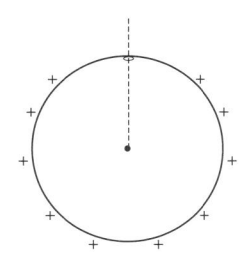

図 8-14

$$U(r) = -\int_\infty^r \vec{F}\cdot d\vec{s} = -q\int_\infty^r \frac{Q}{4\pi\varepsilon_0 r'^2}dr' = q\frac{Q}{4\pi\varepsilon_0 r} \tag{8-22}$$

であった．

　静電場の場合にはとくに，q を単位電荷として，すなわち電場 $\vec{E}$ に対して対応する位置エネルギーを ϕ と表し，これを**静電ポテンシャル（電位）**とよぶ．すなわち，

$$\phi(r) = -\int_{\infty}^{r} \vec{E}(r') \cdot d\vec{r}' = \frac{Q}{4\pi\varepsilon_0 r} \tag{8-23}$$

電荷 Q が作る場の中で，電荷 q の粒子を無限遠から r の位置まで運ぶ仕事 W は，

$$W = q\phi(r) \tag{8-24}$$

である．

重ね合わせの原理にしたがって，一般に空間に電場があるとき，(8-23) 式をもとにして任意の位置の電場に電位を対応させることができる．それは，電場の影響のない無限遠からこの位置まで，場の力に抗して単位電荷を運ぶ仕事だけエネルギー的に高い状態であることを示す量としてとらえることができる．また，電場の空間の任意の 2 点 A(r_A), B(r_B) 間の電位の差：電位差（電圧）V_{AB} は，

$$V_{AB} = \phi(r_B) - \phi(r_A) \tag{8-25}$$

単一の点電荷 Q の作る電場であれば，(8-23) から，

$$V_{AB} = -\int_a^b \vec{E}(\vec{r}') \cdot d\vec{r}' = \frac{Q}{4\pi\varepsilon_0}\left(\frac{1}{b} - \frac{1}{a}\right) \tag{8-26}$$

$a > b$ の場合，$V_{AB} > 0$．(8-25) から，点 A に対して点 B の方が電場の源に近く，電位が高いことに対応している．電位差（電圧）の単位は Volt：[Volt] = [Joule]／[C] で，電気の世界でよび慣れている量である．1 C の電荷を場に逆らって移動させるのに 1 Joule の仕事を要するような電位の差が 1 Volt である．

電位が電場の経路積分であるから，電位の微小な変化 $\Delta\phi$ は

$$\Delta\phi = -\vec{E} \cdot \Delta\vec{r} \tag{8-27}$$

であり，したがって一般に電場は電位の微分によって与えられる．単一の点電荷の場のように場の変化が 1 次元の変数 (r) で与えられる場合，電場の強度は

$$E(r) = -\frac{d\phi}{dr} \tag{8-28}$$

である．

一般に任意の場の場合には，第 V 章 4 節に従えば，(5-21) 式により，電場と静電ポテンシャルは

$$\vec{E} = -\nabla\phi \equiv -\mathrm{grad}\,\phi \tag{8-29}$$

であらわされ，静電ポテンシャルの勾配が電場ベクトルを与える．

電位はいわば「山の高さ」を表す量であり，山の斜面における坂の傾きが電場である．山の勾配に沿って水が流れるとき，それぞれの位置での流れる水の量と方向を表すベクトルが電場に類推できるわけである．

空間の電場がわかれば，その経路積分によって静電ポテンシャルが決まり，また逆に，静電ポテンシャルがわかれば，これの微分（勾配）により電場が求められる．電場が一定の場合には，電場の経路積分は（電場）×（距離）であるから，電場 E の中で dm 離れた 2 点間の電位差 V は

$$V = Ed \tag{8-30}$$

である．

電場の空間の電位が等しい点を繋ぐと 1 つの面ができる．これを**等電位面**とよぶ．単一の点電荷の場では，等電位面はいうまでもなく電荷を中心とした球面である．図 8-7 で点線で示された曲線は等電位面（線）を表している．等電位線はいわば地図における山谷の等高線である．どの位置でも等電位線と電気力線は直交している．それは (8-27) からわかる．すなわち今，電場の中での微小な変位 $\Delta \vec{r}$ が等電位線上にあったとすると，その変位の間の電位変化はないので，

$$\Delta \phi = -\vec{E} \cdot \Delta \vec{r} = 0 \tag{8-31}$$

である．すなわち，電場と等電位線上の変位のベクトルは直交している．

{例題 7}

半径 a の円板上に電荷が密度 σ (C/m²) で一様に分布している．この中心軸上高さ h の位置における静電ポテンシャル $\phi(h)$ を，クーロンポテンシャルの重ね合わせにより求めよ．

（解）

先に例題 4 で同じ板状電荷の電場を求めた．これに倣って，円板上の各位置の電荷による電位 (8-22) を重ね合わせる．円板上の半径 r，幅 Δr の円輪を考え，この円輪部の電荷による静電ポテンシャル $\Delta \phi(h)$ を書き表す．円輪の各部からの寄与は同じであり，ポテンシャルは距離（の 1 乗）に反比例する．電場と異なるのは，ポテンシャルがスカラー量であり，その単純和である点である．したがって，円輪が作るポテンシャルは

$$\Delta\phi(h) = \frac{1}{4\pi\varepsilon_0} \frac{2\pi r \Delta r \sigma}{\sqrt{h^2 + r^2}}$$

このポテンシャルを半径についてゼロから a まで加え合わせて（積分して）静電ポテンシャル $\phi(h)$ が得られる．

$$\phi(h) = \frac{\sigma}{2\varepsilon_0} \int_0^a \frac{rdr}{\sqrt{h^2 + r^2}} = \frac{\sigma}{2\varepsilon_0}\{\sqrt{h^2 + a^2} - h\}$$

例題 4 の電場の場合は，ここで円板の半径を無限大にすると，一定の電場が得られたが，ポテンシャルの場合には発散してしまう．ポテンシャルがスカラー量であるためである．

この章で示したガウス法則に代表される場の性質やポテンシャルの理解は，ニュートンに続いてライプニッツ（*Leibniz* 1646-1716）による微積分法の確立，ラグランジェ（1777），ラプラス（1782），カルノー（1803），グリーン（1828）等による力の積分としての仕事とポテンシャル関数の理解など，ニュートン力学の一般化・体系化の過程で確立されてきたものである．

（4）金属導体の性質

ここで，金属導体の性質について簡単に説明しておくことにしよう．金属を構成している原子の場合，各原子の最外殻電子の束縛される力が比較的弱く，原子間を自由に遍歴することができる（金属自由電子）．これが金属導体の性質を決めている．また，他の物質を接触させると比較的容易に電子を引き剝がしたり余分な電子を与えたりして，金属を帯電させることができる．真空中で金属を高温に熱すると電子が束縛エネルギーを超えて外部に飛び出すこともあり，

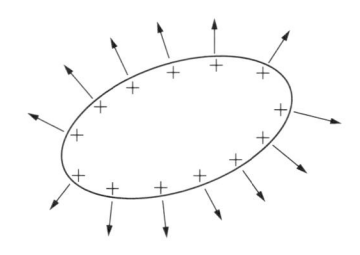

図 8-15

これは蛍光灯など種々の電気製品で古くから用いられている．このように金属導体はその内部で自由に移動することができる電荷が無数にあるものと考えることができる．したがって金属に電場が作用すると内部の電荷はこの場によって力を受けて運動する．金属内部に電場がある限り電荷の移動が起こるので，定常状態が達成されたとき，<u>金属内部にはまったく電場はない</u>．内部の電場をすべて打ち消すように電荷が移動するためである．電荷同士は互いに反発力が働くためそれぞれは互いにできるだけ離れた位置をとろうとする．この結果，金属に余分に電荷がある場合や，金属が電場の中に置かれているとき，<u>電荷は表面に局在する</u>．また，金属内部に電場がないということは，全体としてどの場所も等電位になっており，<u>金属表面は等電位面となっている</u>ことを意味する．また，等電位面になっているということは (8-31) 式から，その表面外部に生じている電場は表面の法線方向を向くことが結論される（図 8-15）．

　金属表面に電荷が分布しているとき，外部の表面法線方向の電場と電荷密度の関係はガウス法則によって求められる．図 8-16 のように，表面の微小な面積をとりその位置での表面電荷密度を σ とし，この面を挟む厚さの十分薄い円筒形の体積をとりガウス法則を適用すると，円筒から外部に出る Flux は表面外部の電場のみによる（円筒側面の面積は無視できる）から，

$$ES = \frac{\sigma S}{\varepsilon_0} \qquad \therefore \quad E = \frac{\sigma}{\varepsilon_0} \tag{8-32}$$

　一様な電場の中に電気的に中性の金属導体が置かれると，内部の電場を打ち消すために，表面に電荷が誘起される（図 8-17）．誘起表面電荷の総和はゼロに保たれる．表面付近の電場は外からの一様な電場と表面電荷による電場の重ね合わせによって決まる．結果としての表面の電場と誘起電荷密度は (8-32) 式によって決まることになる．

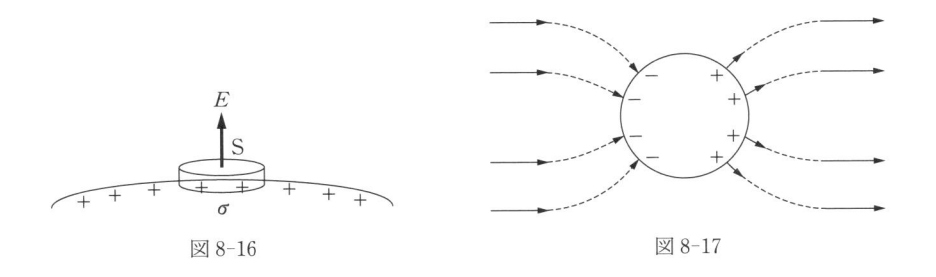

図 8-16

図 8-17

余談：アース

　水分を多量に含んでいる大地は十分に良い伝導体であり，地球は巨大な金属導体とみなすことができる．余分な電荷で帯電した物体を導線で大地に接続すると，余剰電荷は大きな導体に広がって拡散する．地球はいわば巨大な電荷の放散体として働く．これは日常の電化製品で"アース（earth）"としておこなう操作である．洗濯機や冷蔵庫など，とくにモーターのような回転機能をもつ機器の運転によって機器が静電気的に帯電する．この電荷を"アース"によって逃がすのである．"アース"はまた工業的な意味で電位の基準としての役割を果たしている．家庭電気の 100 V というのは大地を基準とした電位である．電気回路では図のような記号で表されている．

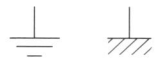

図 8-18

演習問題VIII

(1) 半径 a の円輪上に電荷量 q の点電荷が等間隔に8個並んで固定されている．この円輪の中心軸上，円輪の面から高さ h の位置での電場を求めよ．この位置に点電荷 Q を置くのに要する仕事を求めよ．

(2) 半径 a の球内に電荷が中心からの距離に依存した密度 $\rho(r)$ で分布している．$\rho(r) = cr$（c は定数）であるとき，この球の全電荷量を求めよ．この電荷球が作る電場を中心からの距離の関数として求めよ．

(3) 半径 a の無限に長い円柱の内部が一様な密度 ρ (C/m^3) の電荷で満たされている．この円柱の内外の電場を，中心からの距離の関数として求め，図示せよ．円柱の表面にのみ電荷があり内部が中空の場合はどうなるか．

(4) 問1と同じ問題で，密度 σ (C/m^2) で一様に電荷が分布した十分に広い板状電荷が2枚平行におかれている場合，また，一方に対して他方が負電荷の場合の電場を，ガウス法則を用いて求めよ．

(5) 例題7で求めた円板電荷の静電ポテンシャルを用いて，中心軸上の電場を求めよ．

(6) 例題6で求めた一様な電荷球（原子核）の電場を用い，この電荷球の場の静電ポテンシャル $\phi(r)$ を中心からの距離の関数として求め，図示せよ．また，電荷が表面に局在して球内部が真空の場合の $\phi(r)$ を示せ．

(7) 半径が a，b ($a < b$) の2つの金属球殻 A，B が同心状にあり，それぞれは電荷 q，Q で帯電している．

① 電場 $E(r)$ と静電ポテンシャル $\phi(r)$ を中心からの関数として求めよ．
② A，B 間の電位差を求めよ．
③ A，B 間を細い導線でつなぐと電荷の分布はどう変化するか．

第IX章
場のエネルギー

第V章で力学的エネルギーを学んだ．前章3節で示した静電ポテンシャルは保存力場における位置エネルギーと関連づけられていた．この章ではこのエネルギーの概念をさらに発展させることにしよう．

　クーロン力によって相互作用している電荷の系，たとえば2つの正電荷が距離 r だけ隔てて静止している状態を考えよう．両電荷が無限遠に離れて相互作用が無視できる状態からこの状態を実現するのには力学的仕事を要する．すなわち，このようにして実現された状態は無限遠にあるのと比べてそれだけ高いエネルギー状態を保っていることを意味する．一般に，多数の電荷がある空間的な配置をとる場合，その系は電荷が互いにまったく相互作用をしない状態に比べて，その配置を実現するのに要する仕事分だけ高いエネルギーの状態にある．正負の電荷が引き合う場合には，無限遠から見たときそれだけ低い，すなわち負のエネルギーの状態にある．このようにして，電荷の系のエネルギーを力学的エネルギーと対応づけてとらえることができる．さらに，このようにしてできている電荷の系によって空間には電場が形成されている．したがって，系のエネルギーは電場とも関係しているはずである．ここでは，実際にいくつかの電荷の系について系のエネルギーを検討してみよう．

（1）平板コンデンサーに蓄積されるエネルギー

2枚の広い金属平板が狭い間隔で平行に配置されていて，その一方が正の電荷，他方が同量の負電荷によって帯電している系を考えよう．このような系を平行平板コンデンサー（以下，簡略にコンデンサー）とよぶ．電荷を蓄積する装置であり，身の回りにある種々の電気製品において広く用いられているものである．この系が空間に作る電場は，前章1節の問1で，2枚の平行板状電荷分布が作る場として求めたものと同じである．すなわち，この系ではコンデンサーの外部には電場はなく，内部は一定の強さの電場

$$E = \frac{\sigma}{\varepsilon_0} \tag{9-1}$$

が正極板から負極板に向かっている．ここで σ は両極板の正負の電荷の面密度であり，内部の空間は真空としている．実際には極板の縁での電場は極板に垂直にはならず，外部に少しはみ出るように曲がるが，極板の大きさは間隔に比べて十分大きく，端の影響は無視することにする．(9-1)は，極板が金属導体であることを考えると，(8-32)式で示したガウス法則によっても求められる．

ここで，コンデンサーの"容量"というものを導入しておこう．(9-1)で与えられる平板コンデンサー内の電場は極板間の距離に依存していない．極板間の距離を l とすると，その間の電位差（電圧）V は，前章(8-30)により，

$$V = \frac{\sigma}{\varepsilon_0} l = \frac{Q}{\varepsilon_0 S} l \tag{9-2}$$

である．ここで，Q は極板の全電荷，S は極板の面積である．これを

$$Q = CV, \quad C = \varepsilon_0 \frac{S}{l} \tag{9-3}$$

と表すと，コンデンサーにおける蓄積電荷量と電位差の関係を示し，その比例定数としての C は，どれだけの電荷量によってどれだけの電位差が生じるか，あるいは，どれだけの電位差に対してどれだけの電荷量が蓄えられるかを決めている係数である．これをコンデンサーの**静電容量**とよぶ．これは(9-3)からわかるようにコンデンサーの形状にだけ依存している．極板の面積が大きく間隔が小さいほど容量は大きく，一定の電圧で多くの電荷を蓄積することができる．

さて，このような系を構成するのに必要な仕事を検討してみよう．はじめ，2枚の電荷をもたない平行平板が間隔 l で置かれているとしよう．金属板は十分に多数の正負の電荷が等量あると考えてよいが，全体として正負の量が等しく電気的に中性であるから，空間に場はなく相互作用もない．この状態を出発点として，帯電したコンデンサーを作るには，この一方の板から正電荷を引き出して他方の板に移す作業を考えればよい．正電荷を移すと一方は負電荷が余剰として残り，他方が正の極板となる．この作業に要する仕事がコンデンサーを形成するに必要な仕事である．仕事は距離 l だけ離れた負極板から正電荷を正極板に順次移していく仕事の総計である．一定量の電荷が蓄積されていると，極板間には電場が生じ，さらに電荷を移すためにはこの電場に抗して移動させるだけ仕事を要する．

図9-1に示してあるように，仮に，いますでに電荷が q だけ蓄積されているとする．極板の面積を S とすると，このときコンデンサー内の電場は(9-1)により

$$E(q) = \frac{q}{\varepsilon_0 S}$$

である．この状態から次に微少な電荷量 Δq を移すのに必要な仕事 ΔW は

$$\Delta W = lE(q)\Delta q = \frac{l}{\varepsilon_0 S} q \Delta q$$

したがって，はじめの状態から最終的に電荷量 Q を実現するまでの全仕事 W は

$$W = \int_0^Q \frac{l}{\varepsilon_0 S} q dq = \frac{1}{2} \frac{l}{\varepsilon_0 S} Q^2 = \frac{1}{2} \frac{Q^2}{C} \tag{9-4}$$

こうして，面積 S，間隔 l のコンデンサーに電荷 Q が蓄積されている状態のエネルギー，すなわち蓄積されたエネルギーが(9-4)式で与えられる．蓄積された

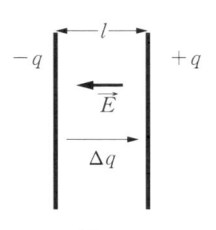

図9-1

電荷量 Q をもう一度密度 σ で表すと (9-4) は

$$W = \frac{\sigma^2}{2\varepsilon_0} Sl$$

となる．これに (9-1) の電場 E を用いると，

$$W = \frac{1}{2}\varepsilon_0 E^2 Sl \tag{9-5}$$

エネルギーをこのように表すと，もはや電荷量は現れてこず，結果としてできたコンデンサー内部の電場のみで表されている．Sl はコンデンサー内部の空間，極板に囲まれた電場のある空間の体積である．このことから，コンデンサーのエネルギーは内部の電場として蓄えられ，これが単位体積あたり $\frac{1}{2}\varepsilon_0 E^2$ であると理解することができる．

（2）原子核のエネルギー

孤立した単一の点電荷がある場合，もちろん空間には電場がある．これは電荷がない状態とは異なった空間である．この場合のエネルギーはどう理解すればいいのだろうか．完全に大きさのない点電荷を想定すると，静電ポテンシャルが $1/r$ の依存性をもつので，エネルギーは発散してしまう．しかし有限の大きさを想定すれば，すなわち原子核や電子を有限の大きさをもつ球と見なすことによって，エネルギーを決めることができる．

前章2節例題6で扱った電荷球の場合のエネルギーを考えよう．半径 a の一様な密度の電荷球を作るのに要する仕事を求めることになる．

今，半径 r ($r<a$) の電荷球があり，内部は密度 ρ で一様に電荷が満たされているとする．この表面に同じ密度で微小な厚さ Δr の電荷の球殻を重ねるに必

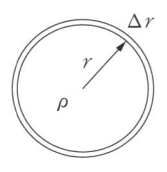

図 9-2

要な仕事を ΔW とする．表面での電位 $\phi(r)$ は例題 6 で示した結果により電荷が中心に集中しているとしてよいので，

$$\phi(r) = \frac{1}{4\pi\varepsilon_0 r}\left(\frac{4\pi}{3}r^3\rho\right) = \frac{\rho}{3\varepsilon_0}r^2$$

このポテンシャルの位置に $4\pi r^2 \rho \Delta r$ の電荷を運んでくるので，(8-24) により

$$\Delta W = \phi(r) \cdot 4\pi r^2 \rho \Delta r = \frac{4\pi\rho^2}{3\varepsilon_0}r^4 \Delta r$$

結局，半径ゼロから a まで電荷球を構成するに要する仕事 W は

$$W = \frac{4\pi\rho^2}{3\varepsilon_0}\int_0^a r^4 dr = \frac{4\pi\rho^2}{3\varepsilon_0}\cdot\frac{1}{5}a^5 = \frac{3}{5}\frac{Q^2}{4\pi\varepsilon_0 a} \tag{9-6}$$

このようにして，半径 a，総電荷量 Q の電荷球のもつエネルギーが (9-6) で与えられる．古典的な描像で見た原子核のもつエネルギーである．クーロン反発力に抗して核が構成された仕事分，エネルギーが蓄積されているわけで，これが核エネルギーである．電子の場合も有限の大きさの空間に一様に負電荷が分布しているとした描像でのエネルギーが同様に与えられ，これは電子の**自己エネルギー**とよばれる．

前節の平板コンデンサーの場合，そのエネルギーは内部の電場のエネルギーとして，単位体積あたり $\frac{1}{2}\varepsilon_0 E^2$ が蓄積されていると考えることができた．原子核はその周りにクーロン電場を形成している．この電場にやはり単位体積あたり $\frac{1}{2}\varepsilon_0 E^2$ のエネルギーが蓄積されているとすると，場の全エネルギーはどうなるだろうか．この電荷球が作る電場は前章 2 節例題 6 で求めた．その電場を用いて，$\frac{1}{2}\varepsilon_0 E^2$ を電場の全空間について積分してみよう．

電場は原子核の中心からの距離 r に関する球対称の関数である．場の中で任意の半径 r，微小な厚さ Δr の球殻を考え，その体積に含まれる電場のエネルギー ΔW を書くと，

$$\Delta W = \frac{1}{2}\varepsilon_0 E^2(r) \cdot 4\pi r^2 \Delta r$$

これを半径 r について積算すれば全エネルギーが得られる．核の内部については，内部の電場 (8-20) を，外部は (8-19) を用いて，得られる全エネルギー W は，

$$
\begin{aligned}
W &= \int_0^a \frac{1}{2}\varepsilon_0 \left(\frac{Q}{4\pi\varepsilon_0 a^3}r\right)^2 \cdot 4\pi r^2 dr + \int_a^\infty \frac{1}{2}\varepsilon_0 \left(\frac{Q}{4\pi\varepsilon_0 r^2}\right)^2 \cdot 4\pi r^2 dr \\
&= \frac{Q^2}{8\pi\varepsilon_0}\left\{\frac{1}{a^6}\int_0^a r^4 dr + \int_a^\infty \frac{dr}{r^2}\right\} = \frac{Q^2}{8\pi\varepsilon_0}\left(\frac{1}{5a} + \frac{1}{a}\right) = \frac{3}{5}\frac{Q^2}{4\pi\varepsilon_0 a}
\end{aligned}
\tag{9-7}
$$

結果として (9-6) と同じエネルギーが得られる．系を構成するのに要した仕事によって原子核が作られ，その結果として空間には電場が生じる．与えられたエネルギーは空間に，単位体積あたり $\frac{1}{2}\varepsilon_0 E^2$ の場のエネルギーとして蓄積されたことになる．

以上では，平板コンデンサーの場合や電荷球の場合を例としてとりあげたが，まったく一般に空間に電場があるとき，その空間は $\frac{1}{2}\varepsilon_0 E^2$ の密度のエネルギーを保持していることを示すことができる．しかしその数学的な取り扱いはやや高度になるので，ここでは省略する．

ここでエネルギーを求めるのに，系の状態を構成するのに要する力学的な仕事から出発した．その結果として，エネルギーの概念は，場のエネルギーにまで拡張された．はじめに，万有引力やクーロン力の働く空間を，考察のための便宜として場とよんで取り扱ってきたが，このようにエネルギーを考察することによって，場はエネルギー的な実態としての姿を現した．このことはニュートン力学の展開として大きな意味をもつ．

（3）静電応力**

前節で取り扱った平行平板コンデンサーは，一方の極板に正電荷があり，他方の極板に負電荷が誘導され，結果としてコンデンサーの外部には電場はなく，内部に一様な電場が形成された．直観的にすぐわかるようにこの系では両極板の間にクーロン力による引力が働いている．この引力の大きさはどのように決まるだろうか．コンデンサー内部の電場はすでに知っているが，極板表面にある電荷は，その電場の中にあるのではないので，単に電荷量×電場では決まらない．極板上の電荷は他方の極板が作る電場の中にあると同時に，自極板の他の部分にある電荷がもたらす電場の中にもあるからである．

この力を求めるのに新しい合理的な方法を採用しよう．今，蓄えられている

余談：核分裂

　原子核は正電荷をもつ陽子と電荷をもたない中性子の集合である．クーロン反発力に抗して陽子を狭い空間に凝縮させただけ高いエネルギーを持っている．もちろん，原子核が安定であるためには核子をクーロン力に抗して結合させる別の力が必要であり，これが**核力（強い相互作用）**である．原子核の大きさは～10^{-14} m のオーダーであり，陽子同士がこの程度の距離に近づくと，クーロン反発力を凌駕して核力が働き結合する．すなわち相互作用する陽子同士はクーロン力による高い位置エネルギーから，核力によって位置エネルギーを下げて安定化する．

　重い原子，すなわち原子番号の大きな原子には限度がある．原子核が大きくなると外側の陽子は他の陽子との距離が大きくなり核力よりもクーロン反発力が勝って，不安定になってしまうためである．重い原子核の寿命が短いのもこのためである．

　核力によって安定を保っている原子核に陽子や中性子，α 粒子などを衝突させて核力の結合を破ると，一気にクーロンエネルギーを放出する．これが核分裂である．2つに分裂した核はクーロンエネルギーを運動エネルギーに変えるが，電荷を持った粒子のきわめて大きな加速度運動は光（熱）輻射エネルギーを放出する．広島，長崎の"ピカ"である．

{試算}

　ウランの核分裂のエネルギーはおよそ 200 MeV（$1\text{MeV}=10^6\text{eV}$，$1\text{eV}=1.6\times10^{-19}$ J）である．今，100個の陽子でできた原子核が陽子50個ずつの2個の原子核に分裂したとしよう．はじめ両者は 10^{-14} m の距離にあったとして分裂直後のクーロンエネルギーを概算してみよ．（陽子1個の電荷は 1.6×10^{-19} C，$\varepsilon_0=8.85\times10^{-12}\text{C}\text{V}^{-1}\text{m}^{-1}$）

電荷量 q を一定とし，極板間距離が可動であるとする．極板の間隔を変化させるのに力が必要な場合，間隔を変化させるには仕事を加えることになる．加えられた仕事はコンデンサーのエネルギーの変化をもたらす．図 9-3 のように，力の方向と間隔の変化を共に正の方向に選んでおく．外力 F によって間隔が微小量 dx だけ移動するとする．これによる系のエネルギー変化 dU は

$$dU = \boldsymbol{F} \cdot d\boldsymbol{s} = F dx \qquad (9\text{-}8)$$

で与えられる．系のエネルギーを x の関数として表すと，この関係から力が得られる．

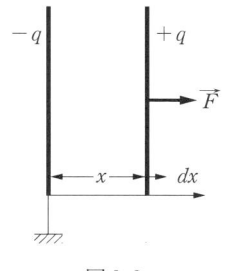

図 9-3

$$F = \frac{dU}{dx} \quad (9\text{-}9)$$

コンデンサーのエネルギーは (9-4) 式によって，

$$U(x) = \frac{x}{2\varepsilon_0 S} q^2 \quad (9\text{-}10)$$

したがって，

$$F = \frac{q^2}{2\varepsilon_0 S} \quad (9\text{-}11)$$

として力が求まる．ここで正の値としての力が得られたということは，極板を正の方向に移動させるのにこの力が必要であることを意味する．すなわち，極板間にはこの力に相当する引力が働いていることがわかる．コンデンサーのエネルギー U はクーロン力による静電気的な位置エネルギーであるから，極板が受ける力 $F'\,(=-F)$ はこのエネルギーの減少する方向をもつ．これを (9-9) に従って書けば，

$$F' = -\frac{dU}{dx} \quad (9\text{-}12)$$

で表され，これは力と位置エネルギーの関係を表す (5-18) である．仮想的に仕事を与えて系のエネルギー変化を解析することによって力を求めるこのような方法は最小作用の原理とよばれている．

極板の単位面積あたりの力 f を表すと，

$$f = |F/S| = \frac{q^2}{2\varepsilon_0 S^2} \equiv \frac{1}{2}\frac{\sigma^2}{\varepsilon_0} \equiv \frac{1}{2}\varepsilon_0 E^2 \quad (9\text{-}13)$$

この (9-13) 式は極板の単位面積あたりの力，すなわち圧力がその表面での電場 E によって決まる，と見ることができる．逆に表面での電場がわかれば，そ

の電場によって極板が引かれている力がわかることを示している．

このことは，平行平板コンデンサーに限らず，一般に示すことができる．そのことは後に触れる．一般に導体表面での電荷分布と空間の電場は一方が与えられれば他方が決まる，すなわち両者は *self-consistent* になっている．このとき，クーロン力によって電荷表面は場の方向に引かれ，その力は (9-13) で与えられる．電場の力線は正電荷から負電荷に向かって空間を埋める．このときあたかも力線は空間を埋める弾性流体のように想像することができ，力は力線の流れの方向に沿ったゴムのように，力線を縮めようとするかのごとく働くと考えることができるのである．

{例題１} 側面の圧力

平板コンデンサーの側面が受ける力を考えよう．図 9-4 のように正負の極板を上下にとり，極板の一端は x 方向に滑らかに広がることができるとしよう．極板に与えられた電荷はそれぞれ互いに反発して極板を押し広げようとする．この結果，軽い側板 A があるとすると，この側板は外向きに力を受けることになる．この単位面積あたりの力を，上と同様に，エネルギー変化を用いて求めよ．

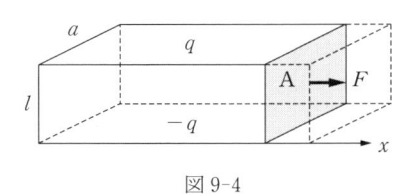

図 9-4

（解）

コンデンサーのエネルギーを x の関数として表すと (9-4) により

$$U(x) = \frac{l}{2\varepsilon_0 ax} q^2$$

したがって側板に働く力は，(9-12) によって

$$F = -\frac{dU}{dx} = \frac{lq^2}{2\varepsilon_0 ax^2}$$

この力を側板の面積 al で割ると，単位面積あたりの力 f は

$$f = F/al = \frac{q^2}{2\varepsilon_0 a^2 x^2} = \frac{\sigma^2}{2\varepsilon_0} = \frac{1}{2}\varepsilon_0 E^2$$

となる.

　この問題でわかるように，電場の力線は側面方向には広がる方向に力を及ぼすことがわかる．このようにして，空間を埋め尽くしている電場は，あたかもゴム弾性体のように，それ自体が力線の方向には収縮し，側面方向には膨張する連続体的実体ととらえる理解がなされた．このような力は **Maxwell 応力** とよばれ，電場の実体を理解するうえで重要な役割を果たした．

{検討} 帯電した金属表面の受ける圧力

　金属導体表面に電荷が分布している場合を考えよう．前章4節で導体表面は等電位面になっていること，したがって，その外部に生じている電場は表面の法線方向を向くことを述べた．今，金属表面に電荷が面密度 σ で分布していて，その結果表面外部に電場 E が生じているとしよう．この電場と電荷密度の関係は，ガウスの法則を適用することによって (8-32)

$$E = \frac{\sigma}{\varepsilon_0}$$

と得られた．さて，この場合，金属表面はどのような力を受けているだろうか．表面の電荷は互いに反発しあい離れようとしている．このため表面は外部方向に向かって力を受ける．この力と電荷密度の関係を調べてみよう．

　単位面積あたりを考えよう．電荷 σ の部分が受ける力は，その場所において他の電荷分布が作る電場 $\boldsymbol{E}_0$ と電荷量 σ の積である．この $\boldsymbol{E}_0$ を考えるために，

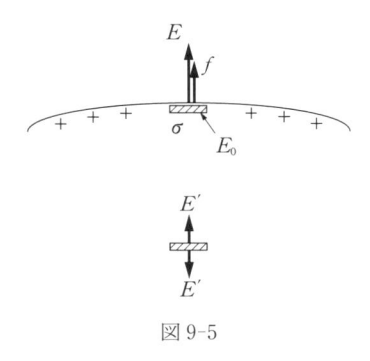

図 9-5

σ をもった厚さ無限小の電荷平板を考え，これを取り除いた状態を想像しよう．取り除いた電荷平板はその表面両側に同じ電場をもたらすはずである．これを $\boldsymbol{E}'$ と表そう．この平板をもとの位置に戻した結果の電場は重ね合わせによって，表面外部，内部でそれぞれ，

$$\boldsymbol{E}_0 + \boldsymbol{E}' = \boldsymbol{E}, \quad \boldsymbol{E}_0 - \boldsymbol{E}' = 0$$

この結果，$\boldsymbol{E}_0 = \dfrac{1}{2}\boldsymbol{E}$ となる．ここで $\boldsymbol{E}$ はもちろん金属表面外部での電場であり，(8-32) 式で与えられる．したがって，表面にある電荷 σ が受ける力は，

$$f = \frac{1}{2}\sigma E = \frac{1}{2}\frac{\sigma^2}{\varepsilon_0}$$

が得られ，(9-13) と同じ結果となる．

演習問題 IX

(1) 極板間の間隔が d の平行平板コンデンサーに電荷 $\pm Q$ が蓄積されている．この電荷量を一定に保ったまま，コンデンサーの極板間距離が 1/2 に変化したとき，極板間の電位差，内部の電場，蓄積されているエネルギーはそれぞれどう変化するか．

(2) 半径 a の球表面に一様に電荷 Q が与えられている状態のエネルギーを，電荷を蓄積する仕事から求めよ．また，この系のエネルギーを電場から求めよ．

(3) 電荷密度 ρ の一様な電荷球が作る場のなかで，電荷 q の点電荷を無限遠から球の中心まで運ぶ仕事を求めよ．

(4) 半径が a と b $(a<b)$ の 2 つの金属球殻 A，B が同心状におかれている．球の内外は真空である．外球から電荷量 q を内球に移動させ，A，B をそれぞれ $q, -q$ に帯電させた．

　① 電荷を運ぶ操作によって，両球を $q, -q$ に帯電させるのに必要な仕事 W を求めよ．

　② この終状態における系のエネルギーを，電場から求めよ．

　③ この系は球形のコンデンサーをなしている．このコンデンサーの容量 C を求め，系のエネルギーを C を用いて表せ．

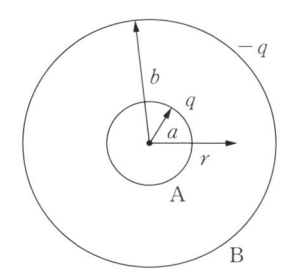

(5) 極板の面積が S の平行平板コンデンサーがある．その内部に接地された一枚の金属板が極板に平行に置かれている．この金属板表面と極板との距離は図のように d_1, d_2 である．両極板にそれぞれ Q, q $(Q>q)$ の正電荷を充電したとき，このコンデンサー内部の電場，系のエネルギー，および内部の金属板にかかる圧力を求めよ．

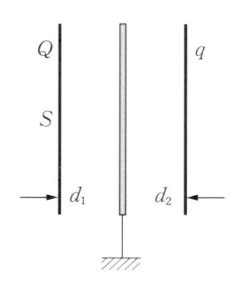

解答例:

外側極板の電荷はすべて内側の面に現れ，中央の接地された金属板の両面には，それぞれ $-Q$, $-q$ の誘導電荷が現れる（不足分は接地線から供給される）．

電場:
$$E_1 = \frac{Q}{\varepsilon_0 S}\quad (\text{左側領域，幅 } d_1)$$
$$E_2 = \frac{q}{\varepsilon_0 S}\quad (\text{右側領域，幅 } d_2)$$

系のエネルギー:
$$U = \frac{\varepsilon_0}{2}(E_1^2 \, Sd_1 + E_2^2 \, Sd_2) = \frac{Q^2 d_1 + q^2 d_2}{2\varepsilon_0 S}$$

中央金属板にかかる圧力（$Q>q$ より左向きを正とする）:
$$P = \frac{Q^2 - q^2}{2\varepsilon_0 S^2}$$

第 X 章
電流，電力エネルギー

電池の両端間を導線で結ぶと電流（*electric current*）が流れる．この「電流」はきわめて日常的なものであり，歴史的にも古い．1780 年にガルヴァーニ（*Galvani* 1737-1798）によって見いだされ，1800 年前後にこれをもとにヴォルタ（*Volta* 1745-1827）がいわゆるヴォルタ電池（ガルバーニ電流）を得たところからはじまる．化学反応がもとになって，導線中を流れる「電流」というある種の実体が認識され，これがランプの点灯をはじめ熱やさまざまな動力の源となることが理解されていった．続いて 1820 年前後に，電流の磁気作用が見いだされることによって，磁気現象の理解とその工業的な利用へと大きく展開していく．そしてやがてファラデーを経て 1864 年のマクスウェルによる電磁場の統一的な定式化と電磁波の理論へと繋がっていく．

　電流は電荷の空間的な流れであり，金属導体の内部では電場によって力を受けた電子の移動であるが，このような理解はマクスウェルよりも後，1878 年ローランド（*Rowland* 1848-1901），1879 年ホール（*Hall* 1855-1938）に至ってようやく確認されたもので，それまでは電荷とは別に存在する"ある種のもの"と理解されていた．

　ここでは電流にかかわる日常的な法則，オーム法則と電流によるエネルギー消費（電気的エネルギー）を力学的な理解とむすびつけておこう．

(1) オーム法則

　導線の両端に電源を用いて電位差を与えると電流が生じる．単位時間に流れる電荷量を電流（A：アンペア≡C/sec）として定義する．電荷の移動を担う媒体は何でもよく，一般に任意の空間での電荷の移動は電流である．単位時間に単位面積を通過する電荷量は**電流密度** $\vec{j}$ (*current density*：C/m²sec) のベクトルで表される．電荷密度 ρ (C/m³) で空間に分布している電荷が速度 $\vec{v}$ で移動するとき（図 10-1），この電流密度は

$$\vec{j} = \rho \vec{v} \tag{10-1}$$

である．

　金属をはじめ伝導性のある物質の 2 点間に電圧を印加すると電流が流れるが，多くの場合，その電流は電圧に比例する．一定の電圧のもとでは一定の電流（定常電流）が流れる．これは 1826 年オーム (1789-1854) によって示され**オームの法則**として良く知られている．電圧を V，電流を I とすると（図 10-2），

$$V = RI, \tag{10-2}$$

比例係数 R は抵抗（*resistance*）で単位は Ω（オーム）である．

　抵抗 R は電流が流れる物質の長さ l に比例し，また断面積 S に反比例する．

$$R = r \frac{l}{S} \tag{10-3}$$

この比例係数 r は**比抵抗**（*specific resistance*：Ω・m）とよばれ，物質によって決まる物性定数である．r の逆数（$\sigma = 1/r$）は電流の流れやすさを表す物性定数であるので**電気伝導度**（*conductivity*）である．r (σ) は物質が等方的な場合は数定数であるが，電流の流れ方に異方性がある場合にはテンソル量である．

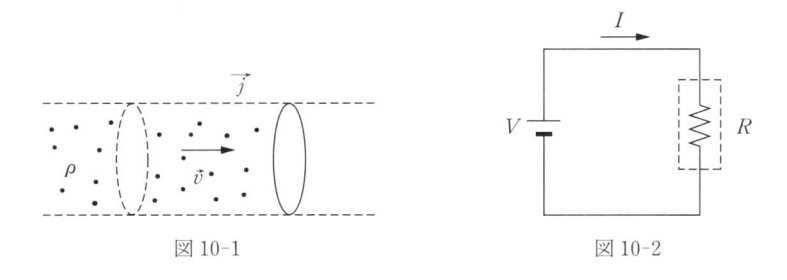

図 10-1

図 10-2

物質の微小な空間で，電流 I の流れる方向にとった長さ Δl の両端間の電位差を ΔV，微小部分の断面積を S とすると（図 10-3），(10-2)，(10-3) により，

$$\Delta V = r\frac{\Delta l}{S}I \qquad \therefore \quad \frac{\Delta V}{\Delta l} = r\frac{I}{S}$$

左辺は両端間の電場 E，I/S は電流密度であるから，電流の方向をベクトルで表すと，

$$\vec{E} = r\vec{j} \quad \text{あるいは} \quad \vec{j} = \sigma\vec{E} \tag{10-4}$$

これはオーム法則のより一般的な表式である．

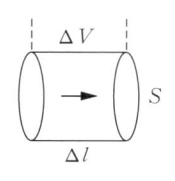

図 10-3

オーム法則は物質において見いだされている実験則であって，原理的な法則ではない．物質によって，あるいは温度等の諸条件によってオーム法則からの逸脱は一般的である．事実，一定の電圧（電場）のある自由空間に電荷があると，クーロン力を受けて電荷が移動し電流となる．このとき電荷には一定の力が働くから，ニュートンの運動法則により一定の加速度を得る．すなわち電荷は一定速度ではないので (10-1) によって電流は増加する．オーム法則が成り立つのは，電場によって電荷が力を受けて運動しても加速度運動にならず，定常電流，すなわち等速度運動になるような状況がある場合に限られる．

オーム法則が成り立つためには電荷の自由な運動を妨げる摩擦的な抵抗がなければならない．実際には物質中で運動する電子が熱振動している陽イオンと衝突して散乱を受けることが摩擦の原因となっている．今，電荷（電子）が 1 回の衝突から次の衝突を受けるまでの自由運動時間の平均値（*mean free time*）を τ としよう．ある衝突直後の電荷の速度を $\vec{v}$，運動量を $m\vec{v}$ とすると，その後，電場 $\vec{E}$ によって力を受けた時間 t 秒後の電荷 e の運動量は $m\vec{v} + e\vec{E}t$ である．したがって，単位体積当たり N 個の電荷の任意の時刻における平均の運動量を表すと，

$$m\vec{v} = \frac{1}{N}\sum_i (m\vec{v}_i + e\vec{E} t_i)$$

多数の電荷を考えると，速度 $\vec{v}_i$ の方向はランダムであるから，その平均を表す第1項はゼロである．第2項は（t_i の平均）$\times e\vec{E}$ であるが，この時間の平均は各電荷の最後の衝突から現時点までの平均時間であり，衝突間の平均自由時間 τ 程度とみなすことができる．ゆえに電荷の平均速度は

$$\vec{v} = \frac{e\tau}{m}\vec{E} \tag{10-5}$$

したがって電流密度は

$$\vec{j} = Ne\vec{v} = \frac{Ne^2\tau}{m}\vec{E} \tag{10-6}$$

すなわち，電流密度が電場に比例し，オーム法則が成り立つことになる．

電気伝導度は衝突の平均自由時間に依っていることがわかる．電子の衝突は物質（結晶）の格子振動に起因していて，したがって温度に強く依存する．金属の電気伝導（抵抗）が大きな温度依存性をもっているのはこのためである．物質によって，低温で電子の運動に対する摩擦（抵抗）が消失して完全に非オーム的になる場合があり，これは**超伝導性**（*super-conductivity*）として物性物理学的にもまた工業的にもきわめて注目されるものである．これについては章末で触れる．

余談：*電源と回路*

電源

図10-2のように抵抗に電流を流す回路では，電流のソースとしての電源（電池）が不可欠な装置である．電池は正極と負極があり両端を導線で繋ぐと負極から正極に向かって電子が流れる．これは逆に正電荷が正極から負極に向かって流れると見ることもでき，これを電流の方向と決めている（図10-4）．電池は十分な電荷量をもったコンデンサーとみなすことができる．このように正負極が固定している電源からの電流は常に一方向であり直流電流（D.C.）とよぶ．家庭電気は正負が時間的に交番する（関東では50 Hz，関西では60 Hz）交流（A.C.）であることは知っていることと思う．交流電源をもとにこれを整流し電荷をコンデンサーに蓄積する装置が一般の直流電源である．

もっとも一般的な電池は金属電極を電解質溶液に漬けた化学電池である．図10-5はヴォルタ電池（1779年）を概念的に表したものである．亜鉛と銅の電極が希硫酸

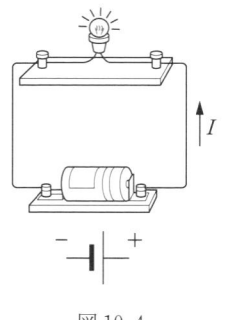

図 10-4

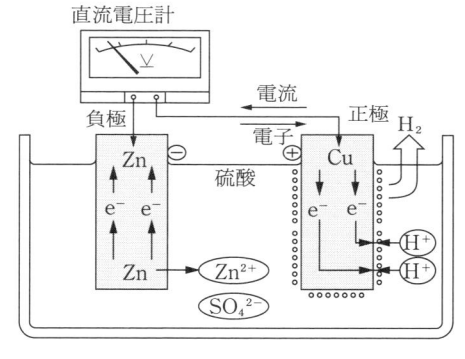

図 10-5

溶液に漬けてある．亜鉛の表面では亜鉛が電子を残してイオン化（酸化）して溶ける．銅の表面では溶液中の水素イオンが電子を得て（還元）水素分子となる．このそれぞれの表面での酸化・還元反応には電気化学的ポテンシャルがあり，この和が両電極間の電位差となる．電池の電位差は化学反応のポテンシャルによって決まったものとなっている．このような化学電池は，紀元前 2 世紀頃にすでに使われていたこと（鉄と銅を電極としたバグダード電池）が考古学（バグダード遺跡）で明らかにされているそうだ．われわれの日常でもっともポピュラーな電池はマンガン乾電池で，正極に二酸化マンガン，負極に亜鉛を用い電解質を糊（ゲル）状にして固めてあり，1.5 V の起電力をもっている．

　交流である家庭電気の電圧は，日本では 100 V であるが，これは交番する電圧振幅の自乗平均で実効値（V_e）とよばれる．電圧の最大値はこの $\sqrt{2}$ 倍，約 140 V である（図 10-6）．この電圧は，詳細には触れないが，電磁誘導を原理とした交流発電器によって決まっている．

図 10-6

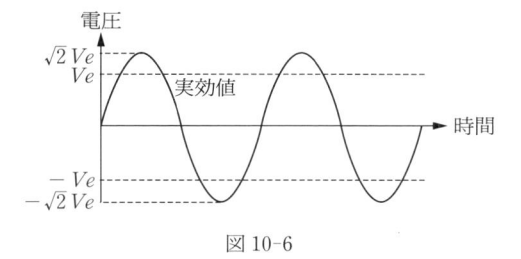

　このように，交流でも直流でも電源電圧は一定のものとして与えられるのが一般的である．これに抵抗を接続すると，抵抗の大きさによって流れる電流が (10-2) 式で決まる．あるいは直流電源にコンデンサーを接続すると，そのコンデンサーの容量 C によって，(9-3) 式に従って蓄積される電荷量が決まる．

回路

　ランプ，コタツ，掃除機，洗濯機……，あらゆる電気器具はそれぞれ抵抗として働き，器具の動作は電力消費を伴う．種々の抵抗の連結による電流と抵抗の関係を理解しておこう．図 10-7 は 3 種の抵抗をそれぞれ**直列**，および**並列**に連結したものに電流を流している．各抵抗にかかる電圧と流れる電流はどうなるか．

　一定の電圧のもとで回路に定常的に電流が流れているとき，回路の途中で電荷が増えたり減ったりすることはない（電荷の保存）．したがって (a) の場合，各抵抗を流れる電流は同じである．各抵抗ごとに電流×抵抗の電位差（電圧降下）が生じるので

$$V = R_1 I + R_2 I + R_3 I = (R_1 + R_2 + R_3)I$$

回路全体での抵抗値は各抵抗値の和になる．

　(b) の場合，電流は 3 つの抵抗の経路に分配され再び合流する．抵抗は電流の流れ

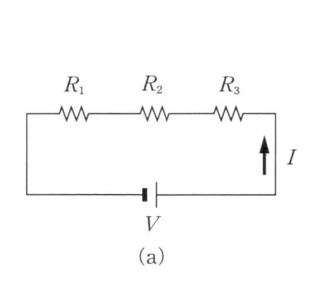

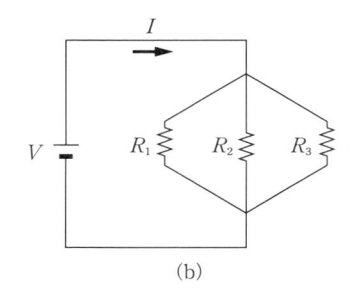

図 10-7

やすさを決めるから，抵抗値の小さい経路の方に多くの電流が分配される．電圧は各抵抗にそれぞれ等しく印可されているので，各抵抗を流れる電流は

$$I_1 = V/R_1, \quad I_2 = V/R_2, \quad I_3 = V/R_3$$

$$I = I_1 + I_2 + I_3 = V\left(\frac{1}{R_1} + \frac{1}{R_2} + \frac{1}{R_3}\right)$$

すなわち，(b)の回路の抵抗値 R は

$$\frac{1}{R} = \frac{1}{R_1} + \frac{1}{R_2} + \frac{1}{R_3}$$

で決まる．交流の場合でも電圧に対して実効値を用いて同じように取り扱うことができる．

（２）電力エネルギー

　オーム法則が成り立つ電流，すなわち定常電流がある場合のエネルギーを論じよう．前節の定常電流のモデルに従えば，電荷の運動は速度に比例した抵抗を受ける粒子の運動でとらえることができる．今質量 m の粒子が力 $\vec{F}$ を受けて運動するとき，運動方程式は

$$m\dot{\vec{v}} = \vec{F} - m\gamma\vec{v} \tag{10-7}$$

ここで γ は速度に比例した抵抗を表す係数である．簡単のために１次元にすると，

$$\dot{v} = \frac{F}{m} - \gamma v \tag{10-8}$$

この抵抗のある運動は，すでに第Ⅱ章4節で解いたものと同じである．すなわち，v に関する一階の微分方程式には，その解として $v(t) = ae^{-kt} + b$ の型の解を仮定し，これを(10-8)に代入して各定数を決めると，

$$v(t) = ae^{-\gamma t} + \frac{F}{m\gamma} \tag{10-9}$$

と求められる．この解は時間が十分にたった後には速度が一定（$F/m\gamma$）となることを示している．これは抵抗を受けた粒子の運動の終端速度であった．力が電荷に働くクーロン力の場合，電荷は等速度運動，すなわち定常電流となることを示している．

　(10-8)式の両辺に v をかけて書き直すと，

$$Fv = m\dot{v}v + m\gamma v^2 \qquad \therefore \ F\frac{dx}{dt} = \frac{1}{2}m\frac{d}{dt}(v^2) + m\gamma v^2$$
$$\therefore \ \frac{d}{dt}(Fdx) = \frac{d}{dt}\left(\frac{1}{2}mv^2\right) + m\gamma v^2 \tag{10-10}$$

ここで定常電流になり速度が一定になった状態では，右辺の第1項は消える．このとき，左辺は電場が電荷に与える単位時間の仕事であり，(10-10) は，定常状態ではそのエネルギーが摩擦抵抗によって失われることを意味している．電荷に対して電場が仕事を与えても運動エネルギーにはならず，したがって加速度運動にはならず，その分，加えられたエネルギーは摩擦熱となって消費される．

仕事を示す (8-24) 式から，電荷 q が電位差 V によって運ばれる仕事 W は
$$W = qV$$
であり，これをを単位時間あたりにすると，
$$\frac{dW}{dt} = V\frac{dq}{dt}$$

dq/dt は電流 I であるから，電位差 V の間を I (C/sec) の電流が流れるとき，電荷は IV (Joule/sec) の単位時間あたりの仕事を受けることがわかる．オーム法則に従う物質中ではこれだけのエネルギーが熱エネルギーとなって物質中に放出される．1840 年にジュール (*Joule* 1818-1889) によって実験的に確認されたもので，これをジュール熱とよぶ．その単位は仕事率と同じであり（P：Joule/sec≡Watt）である．

$$P = IV \equiv I^2 R \equiv \frac{V^2}{R} \tag{10-11}$$

生活において日常的な電力消費量は，この電流を担う物質によるジュール熱消費を意味する．これによって電力エネルギーが力学的なエネルギーと概念的に結ばれる．

{例題1} コンデンサーの放電

図 10-8 のように容量 C のコンデンサーの電荷がオーム抵抗 R を通して放電する場合を考える．はじめに電荷 Q_0 が蓄積されており，時刻 $t=0$ で回

図 10-8

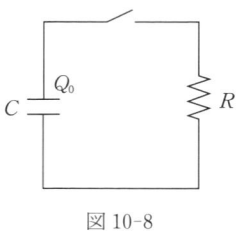

路のスイッチが閉じられ，電流が流れる．抵抗 R は大きく，放電はゆっくりで電流は常にオーム法則に従っているとする．任意の時刻における抵抗の両端の電圧，電流，コンデンサーの電荷量の間には

$$V(t) = I(t)R \tag{10-12}$$
$$Q(t) = CV(t) \tag{10-13}$$

の関係がある．また電流 $I(t)$ は

$$I(t) = -\frac{dQ}{dt} \tag{10-14}$$

である．これらから，任意の時刻における電流，電圧 $I(t)$, $V(t)$ を求めよ．

(解)

(10-13)式を時間微分し，(10-14)を用いると，

$$I(t) = -\frac{dQ}{dt} = -C\frac{dV}{dt}$$

これに (10-12) を適用すると，

$$\frac{dV}{dt} = -\frac{1}{RC}V(t) \tag{10-15}$$

この微分方程式の解は指数関数で与えられ，時刻 $t=0$ における電圧を V_0 とすると，

$$V(t) = V_0 \exp\left(-\frac{1}{RC}t\right) = \frac{Q_0}{C}\exp\left(-\frac{1}{RC}t\right) \tag{10-16}$$

従って，電流は

$$I(t) = \frac{Q_0}{RC}\exp\left(-\frac{1}{RC}t\right) \tag{10-17}$$

電圧，電流とも指数関数的に減衰していく．その減衰時間は RC によって特徴づけられる．これは<u>減衰時定数</u>とよばれる．

余談：*超伝導*

　ほとんどの物質で電気伝導はオーム法則に従うが，多くの場合抵抗は温度に依存する．金属の場合，抵抗は熱振動する陽イオンと伝導電子の衝突によっているので，低温で熱振動が抑制されるにつれて抵抗は減少する．常温を中心にしてある温度範囲で金属の抵抗は温度に比例して変化することが知られている．温度を低温に向かってどんどん下げていったとき電気抵抗がどこまで減少するかという問題は物性物理学の興味ある問題であった．

　ヘリウムガスの液化が実現して3年後の1911年にオンネス[1]（オランダ *Onnes*）によって，水銀の電気抵抗が液体ヘリウム温度（4.2 K）以下で測定限界（10^{-5} Ω）以下の小さい値に突然変化することが見出され（図10-9），超伝導と名づけられた．その後，種々の純粋金属や合金で超伝導が調べられ，それぞれ特定の臨界温度（T_c）以下で超伝導を示すことが見出された．現在，金属でもっとも高い T_c をもつものは Nb_3Ge で $T_c \sim 23$ K である．

　抵抗が測定限界以下の小さい値になるといっても，それだけではほんとうに抵抗値がゼロになったとはいい切れない．オーム法則の理解によれば，完全に抵抗がない状態では伝導電子はニュートンの運動方程式に従って完全な自由運動をする．一定電圧が印可されたもとで電子は一定の電場（力）を受けて加速度運動する．すなわち定常電流ではなく，電流は限りなく増加することになる．逆に，いったん流れはじめた電流は，その後電圧（電場）がなくても等速度運動を続けることができる

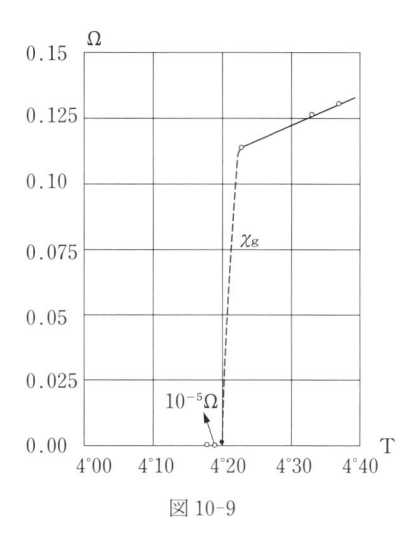

図10-9

はずである．そして実際，液体ヘリウムに浸されたこれらの金属ではこのことが確認されるのである．この金属での超伝導を説明するものとして1957年のBCS[2]（*Bardeen-Cooper-Schrieffer*）理論があり，また超伝導と磁場の関係をみごとに示す実験，*Meissner*効果[3]（1933年）があるが，ここではそれには触れない．

抵抗が完全にゼロであるということは，電流によるジュール熱の発生（電力消費）がないことであり，エネルギー資源や工業の点から画期的であることはいうまでもない．しかし，液体ヘリウムを必要とするような低温であることが大きな障害である．そこでさらに高い温度での超伝導の実現が大きな関心をよぶ．1986年に銅酸化物金属化合物において約30Kで超伝導が見出され，その後いわゆる高温超伝導体の研究が爆発的に進んだ．$T_c \sim 130$ K が実現（$HgBa_2Ca_{n-1}Cu_nO_{2n+2}$）しており，この領域になると安価で取り扱いの簡単な液体窒素（空気）で対応できる．多方面での実用化に向けた研究が進められている．

1）H. K. Onnes: Akad. Van Wetenschappen (Amsterdam) **14**, 113, 818 (1911).
2）J. Bardeen, L. N. Cooper, J. R. Schrieffer: Phys. Rev. **108**, 1175 (1957).
3）W. Meissner, R. Ochsenfeld: Naturwissenschaften **21**, 787 (1933).

前章と本章で，クーロン力を受けて物質中を運動する電荷がもっている力学的エネルギーを出発点として，場のエネルギーと電力エネルギーを理解した．われわれが日常生活で用いている消費電力は，基本的には物質中での電荷の運動によって発生するジュール熱に相当することがわかった．このことがエネルギーと環境を考えるうえでの基本となることはいうまでもない．

電流の議論は，ここからもう1つ自然界においてきわめて本質的な磁気の問題の理解につながる．電流による磁気作用という実験・観測事実から出発して，磁場とそのエネルギー，そして電磁波にいたる大きな物理学の広がりがあるが，これらは本書の目的を超えるので，電磁気学のテキストに委ねる．

ここでは力学的エネルギーから電力エネルギーへと展開を進めたが，まだもう1つ重要な熱エネルギーに触れなければならない．次章以降ではこのための基本的な筋道を進めることにしよう．このために，もう一度ニュートンの運動法則に戻ることにする．

演習問題 X

(1) 比抵抗 r で，断面積が S，長さが l の導線の内部を，電荷密度 ρ の一様な電荷が速度 v で流れている．この導線で発生する単位時間あたりのジュール熱を求めよ．

(2) 極板の面積が S，間隔が d の平行平板コンデンサーの内部が，比抵抗 r の物質で一様に満たされている．この極板間に一定電圧 V をかけているとき，コンデンサー内を流れる電流の密度と単位時間に発生するジュール熱を求めよ．

(3) 2節例題1 コンデンサーの放電において，時刻 $t=0$ から $t=\infty$ の間に抵抗で発生するジュール熱を求めよ．またこのエネルギーとコンデンサーのエネルギーの関係を説明せよ．

(4) 100 V の電源を用い，定格 100 W，60 W，30 W の3種の電球を図 10-7 (a)，(b) のように連結して点灯させた．このとき，回路全体での消費電力および各電球での消費電力をそれぞれ求めよ．

第 XI 章
運動量保存，衝突

第Ⅶ章までに，ニュートンの運動法則にもとづいて種々の物体の運動を論じてきたが，これまでは基本的には1つの物体，1個の粒子の運動を取り扱ってきた．自然における実際の運動では，多数の物体，粒子が相互に作用しながら運動している場合がふつうである．空気を構成している気体をとっても，酸素や窒素原子が単体としてあるのではなく，原子間の相互作用によってゆるく結合した分子が空間を運動している．月は地球の周りを運動しているが，月と地球は相互作用をもちながら太陽の引力のもとで運動している．この章では，互いに相互作用をもちながら運動している粒子集団を考える．各粒子を質点として取り扱う場合，これは質点系の運動である．もっとも簡単な場合は，他からいっさいの力がなく2つの粒子が互いの相互作用をもつだけの場合で，これは衝突の問題となる．相互作用は実際にぶつかる場合もあれば，クーロン力などによる引力や斥力によってそれぞれの運動に影響が与えられる場合もあり，これらを含めて一般に衝突とよぶ．このような議論によって力学的エネルギーもさらに理解の発展がある．

（１）ガリレイ変換と運動量保存則

第Ⅱ章で，ニュートンの運動の第3法則，作用・反作用の法則を紹介し，これと第2法則の運動方程式から運動量保存則が導かれることを示した．すなわち，物体間で互いの相互作用の他には何の作用も受けない系（孤立系）では，その相互作用が何であれ，系の運動量が保存される．ところで，この結論の前提である作用・反作用の法則は直感的でアプリオリに与えられている．運動量保存則は，力学的エネルギーの保存則とは独立に，慣性系において成り立っている一般則である．ここでは，まずこのことを直感的でなく論理的に明瞭にするために，2粒子の衝突を，異なる座標系で観測することを考えてみる．

運動方程式が成り立つある慣性座標系 $O(x, y, z)$ と，これに対して並進運動する別の座標系 $O'(x', y', z')$ を考える．O に対する O' の位置を $\vec{R}$，各座標系で見た粒子の位置をそれぞれ，$\vec{r}$，$\vec{r}'$ とすると，図 11-1 からわかるように，

$$\vec{r}(t) = \vec{r}'(t) + \vec{R}(t) \tag{11-1}$$

である．粒子の運動方程式を書くと，

$$\vec{F} = m\ddot{\vec{r}} = m\ddot{\vec{r}}' + m\ddot{\vec{R}}$$

ゆえに

$$m\ddot{\vec{r}}' = \vec{F} - m\ddot{\vec{R}}$$

すなわち，O' 系での運動方程式では，力 $\vec{F}$ の他に，座標系の加速度で決まる見かけの力 $(-m\ddot{\vec{R}})$ が働いていることになる．これは車が動き出すときに感じ

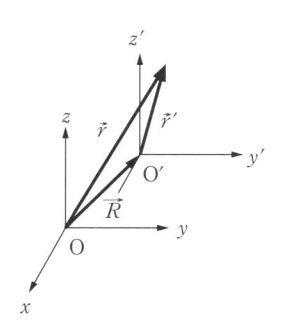

図 11-1

る後ろに引かれる力や，回転円盤上の物体が受ける外に放り出される力等である．これは慣性系 O に対して O' が加速度をもつ非慣性系であるために生じる慣性力である．

今，$\vec{R}=0$ の場合，いうまでもなく $m\vec{r}''=\vec{F}$ になり，座標系によらずニュートンの運動方程式が成立している．これは，両座標系が共に慣性座標系の場合であり，このことを**ガリレイ不変性**という．またこのときの座標変換 (11-1) を**ガリレイ変換**という．O に対する O' の速度を $\vec{V}$ とすると，当然のことながら (11-1) から，

$$\vec{v}=\vec{v}'+\vec{V} \tag{11-2}$$

ただし，ここで時間 t は両座標系で共通であることが前提となっていることは注意しておく．

さて，2つの粒子の衝突を考えよう．質量 m_1, m_2 の 2 粒子の衝突前の速度を $\vec{v}_1$, $\vec{v}_2$, 衝突後の速度を $\vec{u}_1$, $\vec{u}_2$ とする（図 11-2）．衝突前後の系のエネルギーをそれぞれ E_0, E とすると

$$\begin{aligned} E_0 &= \frac{1}{2}m_1 v_1^2 + \frac{1}{2}m_2 v_2^2 \\ E &= \frac{1}{2}m_1 u_1^2 + \frac{1}{2}m_2 u_2^2 \end{aligned} \tag{11-3}$$

衝突において一般に運動エネルギーは保存されないので，衝突による運動エネルギーのロスを ΔE とすると，

$$E_0 = E + \Delta E \tag{11-4}$$

である．

次にこの衝突を，一定速度 $\vec{V}$ で動く座標系 O' で観測する．ガリレイ変換によりこの座標系 O' でのそれぞれの速度は

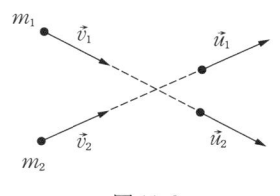

図 11-2

$$\vec{v}_1' = \vec{v}_1 - \vec{V}, \quad \vec{v}_2' = \vec{v}_2 - \vec{V}$$
$$\vec{u}_1' = \vec{u}_1 - \vec{V}, \quad \vec{u}_2' = \vec{u}_2 - \vec{V}$$

座標変換をしても，現象自体には変化はない，すなわち衝突によって失われるエネルギーの変化はないので，この系でエネルギーの関係を表すと，

$$\frac{1}{2}m_1 v_1'^2 + \frac{1}{2}m_2 v_2'^2 = \frac{1}{2}m_1 u_1'^2 + \frac{1}{2}m_2 u_2'^2 + \Delta E$$

これに上の変換を代入すると

$$\frac{1}{2}m_1(v_1^2 - 2\vec{v}_1 \cdot \vec{V} + V^2) + \frac{1}{2}m_2(v_2^2 - 2\vec{v}_2 \cdot \vec{V} + V^2)$$
$$= \frac{1}{2}m_1(u_1^2 - 2\vec{u}_1 \cdot \vec{V} + V^2) + \frac{1}{2}m_2(u_2^2 - 2\vec{u}_2 \cdot \vec{V} + V^2) + \Delta E$$

(11-3),(11-4) によって，この等式が成り立つためには，

$$(m_1 \vec{v}_1 + m_2 \vec{v}_2) \cdot \vec{V} = (m_1 \vec{u}_1 + m_2 \vec{u}_2) \cdot \vec{V}$$

すなわち，運動量保存則

$$m_1 \vec{v}_1 + m_2 \vec{v}_2 = m_1 \vec{u}_1 + m_2 \vec{u}_2$$

が導かれる．運動量保存則，いいかえればニュートンの作用・反作用の法則は，ガリレイ変換，慣性系における座標変換の帰結なのである．ここでの議論は，$m_1 + m_2 = m_1' + m_2'$ の質量保存が成り立つ限り，衝突によって相互に質量が変わっても成り立つことを示すことができる．

（２）重心系

多数の原子核や電子の集団からなる分子のように，互いに相互作用をしている粒子の集団の系を考えよう．ある座標系で見たときの各粒子の位置と質量を $\vec{r}_i, m_i$ として，その系の重心を

$$\vec{R} = \frac{m_1 \vec{r}_1 + m_2 \vec{r}_2 + \cdots}{m_1 + m_2 + \cdots} = \frac{\sum m_i \vec{r}_i}{M} \tag{11-5}$$

によって定義する．M は系の全質量である．この両辺に M をかけて時間微分すれば，

$$M\dot{\vec{R}} = M\vec{V} = \sum_i m_i \dot{\vec{r}}_i \tag{11-6}$$

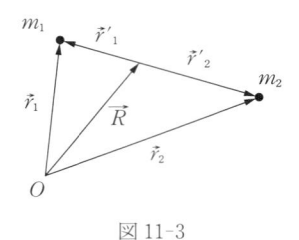

図 11-3

系の全運動量は，重心で全質量がもつ運動量に等しい．

次に，各粒子の位置をこの重心を原点とした座標系，<u>重心系</u>に移してみる．重心からの各粒子の位置を $\vec{r}_i'$ とする．図 11-3 のように，簡単のために 2 粒子だけの場合を考えると，

$$\vec{r}_1' = \vec{r}_1 - \vec{R} = \vec{r}_1 - \frac{m_1 \vec{r}_1 + m_2 \vec{r}_2}{M} = \frac{m_2}{M}(\vec{r}_1 - \vec{r}_2)$$
$$\vec{r}_2' = \vec{r}_2 - \vec{R} = -\frac{m_1}{M}(\vec{r}_1 - \vec{r}_2)$$
(11-7)

速度について

$$\vec{v}_1' = \vec{v}_1 - \vec{V}, \quad \vec{v}_2' = \vec{v}_2 - \vec{V} \tag{11-8}$$

これらから明らかなように，

$$m_1 \vec{r}_1' + m_2 \vec{r}_2' = 0, \quad m_1 \vec{v}_1' + m_2 \vec{v}_2' = 0$$

一般に，

$$\sum_i m_i \vec{v}_i' = 0 \tag{11-9}$$

はすぐに示すことができる．すなわち，<u>重心は系の運動量の総和がゼロとなるような座標原点</u>として定義されていることになる．この重心が一般に大きさのある物体の重心として直感的に理解するものと一致することは (11-7) 式からわかるであろう．

さて，系の運動方程式を考えてみよう．各粒子に働く力を，粒子間の相互作用と，それ以外の外力に分けて表す．

$$m_1 \ddot{\vec{r}}_1 = \vec{F}_1 + \vec{F}_{21}$$
$$m_2 \ddot{\vec{r}}_2 = \vec{F}_2 + \vec{F}_{12}$$
(11-10)

両辺の和をとると，作用・反作用の法則により $\vec{F}_{21} + \vec{F}_{12} = 0$ であるから，

$$m_1 \ddot{\vec{r}}_1 + m_2 \ddot{\vec{r}}_2 = \vec{F}_1 + \vec{F}_2$$

(11-5) あるいは (11-6) 式から
$$M\vec{\ddot{R}} = \sum_i \vec{F}_i \tag{11-11}$$

これらから，

- ○粒子系の運動は，重心に全質量が集まったとしたとき外力の合力が作用する一粒子の運動とみなすことができる．(11-11)
- ○全運動量は重心の運動量に等しく，内力の如何にかかわらない．(11-6)
- ○全外力の総和がゼロのとき系の運動量は保存し，重心は静止または等速度運動している．(11-11)

とまとめられる．

系の全運動エネルギー K は (11-8) によって，

$$K = \frac{1}{2}m_1 v_1^2 + \frac{1}{2}m_2 v_2^2 = \frac{1}{2}m_1(\vec{V}+\vec{v}'_1)^2 + \frac{1}{2}m_2(\vec{V}+\vec{v}'_2)^2$$

$$= \frac{1}{2}(m_1+m_2)V^2 + (m_1\vec{v}'_1 + m_2\vec{v}'_2)\cdot\vec{V} + \frac{1}{2}(m_1 v'^2_1 + m_2 v'^2_2)$$

ここで (11-9) によってこの第 2 項はゼロであり，結局，

$$K = \frac{1}{2}MV^2 + \frac{1}{2}(m_1 v'^2_1 + m_2 v'^2_2) \tag{11-12}$$

系の運動エネルギーは重心の運動エネルギーと内部運動のエネルギーの和となっている．したがって，重心系で観測する場合には後者のみとなる．

2 体系に外力が無く孤立している場合の運動方程式は

$$m_1 \vec{\ddot{r}}_1 = \vec{F}_{21}$$
$$m_2 \vec{\ddot{r}}_2 = \vec{F}_{12} = -\vec{F}_{21}$$

上式の差をとると，

$$\vec{\ddot{r}}_1 - \vec{\ddot{r}}_2 = \left(\frac{1}{m_1} + \frac{1}{m_2}\right)\vec{F}_{21} \equiv \frac{1}{\mu}\vec{F}_{21}$$

ここで，粒子 2 に対する粒子 1 の相対位置 $\vec{r} = \vec{r}_1 - \vec{r}_2$ を用いると，

$$\mu \vec{\ddot{r}} = \vec{F}_{21} \tag{11-13}$$

として，質量 μ の粒子の一体問題に還元することができる．ここで

$$\mu = \frac{m_1 m_2}{m_1 + m_2} \tag{11-14}$$

は換算質量とよばれる．

太陽に対する地球，地球に対する月，原子核に対する電子のような系を2体問題で近似するとき，一方の質量を無限に大きいと仮定すると，単にこれを原点とした中心力場の運動であるが，両者の質量比を考慮に入れると運動は換算質量で扱わなければならない．

重心系を扱う例題を考えてみよう．

{例題１}

水面に浮かんでいる細長い板の上に質量 m の人が乗っている．板の質量は M でその重心は中央にあるとする．はじめ板の重心上にいた人が板に対して加速度 a で板の端に向かって走り出した．これを外から観測したとき，人と板のそれぞれの加速度を求めよ．ただし，板と水面の摩擦は無視する．

(解)

系の水平方向に外力は働いていないので，系の重心は静止している．すなわち，人と板の重心の位置をそれぞれ x, X とし，はじめの位置を原点にとると，
$$\frac{mx + MX}{m + M} = 0$$
これから，加速度について，$m\ddot{x} + M\ddot{X} = 0$
板に対する人の加速度は $\ddot{x} - \ddot{X} = a$
これらから，人と板のそれぞれの加速度は，
$$\ddot{x} = \frac{M}{m + M} a, \quad \ddot{X} = -\frac{m}{m + M} a$$

{例題２}

x 軸上での運動を考える．質量 m_1 の粒子が負の無限遠から初速 v_0 で，原点に静止している質量 m_2 の粒子に向かって打ち出される．両粒子の間には

クーロン反発力が働いている．このとき両粒子の相対距離 x の満たす運動方程式を表せ．

（解）

任意の時刻における両粒子の位置を x_1, x_2 とする．クーロン反発力の比例定数を簡単のために k で表すと，それぞれの運動方程式は

$$m_1 \ddot{x}_1 = -\frac{k}{(x_2-x_1)^2}$$

$$m_2 \ddot{x}_2 = \frac{k}{(x_2-x_1)^2}$$

相対距離 $x = x_2 - x_1$ を用いると，$\ddot{x} = \ddot{x}_2 - \ddot{x}_1$ であるから上式の差をとり，

$$\ddot{x} = \left(\frac{1}{m_1} + \frac{1}{m_2}\right)\frac{k}{x^2}$$

換算質量 μ を用いると，相対距離の満たす運動方程式は

$$\mu \ddot{x} = \frac{k}{x^2} \tag{1}$$

{例題3}

バネ定数 k，自然長 a の軽いバネの両端に同じ質量 m の質点をつけ，その一方を持って自然に垂らす．手を離して自然落下させた後の各質点の位置を求めよ．

(解)

任意の時刻における両質点の位置を z_1, z_2 とすると，系の重心 Z は

$$Z = \frac{z_1 + z_2}{2} \tag{1}$$

バネの伸びを r とすると，

$$r = z_2 - z_1 - a \tag{2}$$

それぞれの運動方程式は

$$m\ddot{z}_1 = mg + kr \tag{3}$$

$$m\ddot{z}_2 = mg - kr \tag{4}$$

(3), (4)式の和をとることにより，重心の運動方程式

$$\ddot{Z} = g \tag{5}$$

また，差をとると，相対距離についての運動方程式

$$m\ddot{r} = -2kr \tag{6}$$

が得られる．

(5)式は重心の自然落下の式である．初期条件，$t=0$ で，$z_1=0$ とする．このとき，z_2 は，おもりのつりあい，$mg = k(z_2 - a)$ より，$z_2 = \frac{mg}{k} + a$

従って，$t=0$ での重心の位置は $Z_0 = \frac{1}{2}\left(\frac{mg}{k} + a\right)$

これにより，(5)式の解は

$$Z(t) = \frac{1}{2}gt^2 + \frac{1}{2}\left(\frac{mg}{k} + a\right) \tag{7}$$

次に相対運動の方程式(6)は単振動を表し，その一般解は

$$r(t) = A\cos(\omega t + \alpha), \quad \text{ここで，} \omega = \sqrt{2k/m} \text{ である．}$$

初期条件，$t=0$ で，振動は最大振幅になっているので，$\alpha = 0$，またそのときの振幅はバネの伸びであり，再びつりあいから $A = \frac{mg}{k}$.

ゆえに，

$$r(t) = \frac{mg}{k}\cos\omega t \tag{8}$$

(7), (8)の $Z(t)$, $r(t)$ を用い，(1), (2)式より z_1, z_2 が求められる．

$$z_1 = \frac{1}{2}(2Z - r - a)$$

$$z_2 = \frac{1}{2}(2Z + r + a)$$

これらの例題のように，相互作用する 2 体の問題は，重心運動と相対運動に分けることによって運動を解析することができ，またこのとき，系の力学的エネルギーは重心運動のそれと重心系でみた相互作用のそれとに分解して理解することができる．

（3）衝　　突

(a)　1 次元の運動の場合

質量 m_1 と m_2 の 2 個の粒子の衝突を考えよう．実際に 2 つの物体が接触する場合のみならず，両者の間にクーロン反発力があって近づくと力が働く場合なども，広い意味での衝突である．はじめに，運動が 1 次元の場合を考える．

衝突前後のそれぞれの速度を v_1, v_2, v'_1, v'_2 とすると（図 11-4），運動量保存則により

$$m_1 v_1 + m_2 v_2 = m_1 v'_1 + m_2 v'_2 \tag{11-15}$$

この系の重心を考えると，外力はないので，衝突の前後で重心の運動量，したがって速度は不変である．すなわち，

$$V = \frac{m_1 v_1 + m_2 v_2}{m_1 + m_2} = \frac{m_1 v'_1 + m_2 v'_2}{m_1 + m_2} \tag{11-16}$$

そこでこの衝突を重心座標系でみたときの，それぞれの速度を u_1, u_2, u'_1, u'_2 とすると（図 11-5），衝突前は

$$\begin{aligned} u_1 &= v_1 - V = \frac{m_2}{m_1 + m_2}(v_1 - v_2) \\ u_2 &= v_2 - V = -\frac{m_1}{m_1 + m_2}(v_1 - v_2) \end{aligned} \tag{11-17}$$

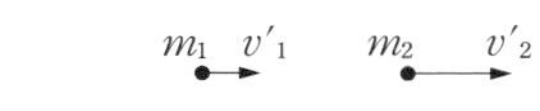

図 11-4

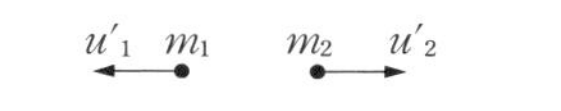

図 11-5

また，衝突後は

$$u'_1 = v'_1 - V = \frac{m_2}{m_1+m_2}(v'_1 - v'_2)$$
$$u'_2 = v'_2 - V = -\frac{m_1}{m_1+m_2}(v'_1 - v'_2)$$
(11-18)

ここで衝突前後の粒子間の相対速度の比を

$$\frac{v'_1 - v'_2}{v_1 - v_2} = -e \tag{11-19}$$

と表すと，(11-18) は

$$u'_1 = -eu_1, \quad u'_2 = -eu_2 \tag{11-20}$$

となる．すなわち (11-19) の e は重心系で観測するときの，衝突による速度変化率を与えている．ここで負号が付されているのは，重心系で見る限りそれぞれの粒子は必ず衝突前後で運動方向が反転することを意味している．

さて，衝突前後の系の重心座標系でみた運動エネルギー K, K' は (11-17), (11-18), (11-19) を用いると

$$K = \frac{1}{2}m_1 u_1^2 + \frac{1}{2}m_2 u_2^2 = \frac{1}{2}\left(\frac{m_1 m_2}{m_1+m_2}\right)(v_1 - v_2)^2$$
$$K' = \frac{1}{2}m_1 u_1'^2 + \frac{1}{2}m_2 u_2'^2 = \frac{1}{2}e^2\left(\frac{m_1 m_2}{m_1+m_2}\right)(v_1 - v_2)^2$$
(11-21)

と表される．$e^2 = 1$ の場合 $K = K'$ であり，衝突によってエネルギーが失われない，すなわち弾性衝突を意味する．一般に非弾性衝突の場合，e^2 がエネルギーの減少率を与える．$e = 0$ の場合は (11-19) からわかるように，衝突後の両粒子の速度が等しくなる，すなわち両者がくっつくことになる．これは完全非弾性衝突である．e の意味から $0 \leq e \leq 1$ である．

弾性衝突の場合は，運動量保存則とエネルギー保存則の両方が成立するので，v_1, v_2, v'_1, v'_2 あるいは u_1, u_2, u'_1, u'_2 の内，2つの速度が与えられれば，他の2つの速度が決まることになる．

ここで，(11-21) 式での運動エネルギーは重心系でのそれである．当然のことながら速度は座標系によって異なり，したがってエネルギーの値は座標系のとり方に依存することは注意を要する．

{例題 4}

静止している質量 m_2 の粒子 B に，質量 m_1 の粒子 A が速度 v_1 で弾性衝突する．衝突後のそれぞれの速度を求めよ．$m_1=m_2$ の場合，および $m_2\to\infty$ の場合に，A の粒子の衝突による運動量の変化を求めよ．

（解）

運動量保存則は，$m_1 v_1 = m_1 v_1' + m_2 v_2'$

弾性衝突であるから，$\dfrac{v_1' - v_2'}{v_1} = -1$

この両式より，$v_1' = \dfrac{m_1 - m_2}{m_1 + m_2} v_1,\quad v_2' = \dfrac{2m_1}{m_1 + m_2} v_1$

これより，$m_1 = m_2$ の場合，$v_1' = 0,\ v_2' = v_1$

$\qquad m_2 \to \infty$ の場合，$v_1' = -v_1,\ v_2' = 0$

A の運動量の変化量 $p_1 - p_1'$ は

$\qquad m_1 = m_2$ の場合，$m_1 v_1 - 0 = m_1 v_1$

$\qquad m_2 \to \infty$ の場合，$m_1 v_1 - (-m_1 v_1) = 2 m_1 v_1$

(b) 3次元の場合

これまでは，運動が1次元に限定される場合の衝突を論じたが，次に，一般に3次元の場合を考えよう．この場合，座標系のとり方によって2次元に還元することができる．すなわち，衝突する2粒子のうちの一方 (m_2) を原点に，したがって $v_2=0$ とし，図のように m_1 との軸上で衝突するように選ぶと，衝突後の v_1' と v_2' のある2次元面を考えればよい．

さて，運動量保存則は

$$m_1 \vec{v}_1 = m_1 \vec{v}_1' + m_2 \vec{v}_2' \tag{11-22}$$

いうまでもなく，1次元の場合とちがって，速度はベクトルとなっている．図

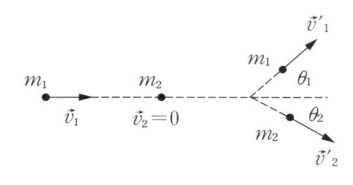

図 11-6

11-6 のように衝突の軸に対して衝突後の散乱の角をそれぞれ θ_1, θ_2 とすると，(11-22) は軸方向とこれに垂直な方向の成分に分解できる．

$$m_1 v_1 = m_1 v_1' \cos\theta_1 + m_2 v_2' \cos\theta_2 \tag{11-23}$$

$$0 = m_1 v_1' \sin\theta_1 + m_2 v_2' \sin\theta_2 \tag{11-24}$$

衝突前の速度が与えられたとき，求めたいものは $v_1', v_2', \theta_1, \theta_2$ の4つであり，この2つの関係式の他に弾性衝突の場合，エネルギー保存則が加わっても未知数が1つ多く，運動が決定できない．

{例題 5}

 静止している質量 $2m$ の粒子に，質量 m の粒子が速度 v_0 で衝突した結果，m の粒子ははじめの運動方向から $\theta_1 = 60°$ の方向に $v_0/2$ の速さで跳ねられた．$2m$ の粒子のその後の速度 v_2 と方向 θ_2 を求めよ．この衝突でエネルギーの変化はどうなっているか．

 この問題では，上記の求めたい $v_1', v_2', \theta_1, \theta_2$ のうち，v_1' と θ_1 が与えられているから，(11-23), (11-24) の連立方程式を解けばよい．これは読者に任せよう．

 さて，この決定できない問題をどこまで解析することができるか，弾性衝突の場合に限って，もう少し議論をすすめてみよう．
 (11-22) と同じ $v_2 = 0$ の系を重心系に移してみる．重心の速度 $\vec{V}$ は

$$\vec{V} = \frac{m_1 \vec{v}_1}{m_1 + m_2} \tag{11-25}$$

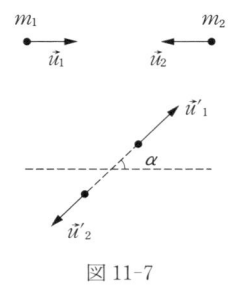

衝突前後の速度を $\vec{u}_1, \vec{u}_2, \vec{u}_1', \vec{u}_2'$ とすると（図 11-7），

図 11-7

$$\vec{u}_1 = \vec{v}_1 - \vec{V} = \frac{m_2}{m_1 + m_2}\vec{v}_1$$
$$\vec{u}_2 = -\vec{V} = -\frac{m_1}{m_1 + m_2}\vec{v}_1 \tag{11-26}$$

重心系で見たとき，系の運動量はゼロであるから，
$$m_1\vec{u}_1 + m_2\vec{u}_2 = m_1\vec{u}_1' + m_2\vec{u}_2' = 0 \tag{11-27}$$
このことは，衝突後の $\vec{u}_1'$, $\vec{u}_2'$ が一直線上にあること，および速度の大きさには
$$m_1 u_1 = m_2 u_2$$
$$m_1 u_1' = m_2 u_2' \tag{11-28}$$
の関係があることを示している．さらにエネルギー保存則
$$\frac{1}{2}m_1 u_1^2 + \frac{1}{2}m_2 u_2^2 = \frac{1}{2}m_1 u_1'^2 + \frac{1}{2}m_2 u_2'^2 \tag{11-29}$$
に (11-28) を用いると
$$u_1 = u_1'$$
$$u_2 = u_2' \tag{11-30}$$
であることがわかる．すなわち，重心系で弾性衝突を見るとき，両粒子の速度は不変であり，衝突後も方向は一直線上であることがわかる．しかし，図 11-7 の角度 α を決めるファクターはない．

以上の議論をもとに，先の問題で $\vec{v}_1$ と θ_1 を与えたときに $\vec{v}_1'$, $\vec{v}_2'$, θ_2 を幾何学的に決めることができる．
$$\vec{u}_1' = \vec{v}_1' - \vec{V}$$
の関係を θ_1 を含めて図示すると図 11-8 の左のようになる．

(10-25), (10-26), (10-30) によって，$\vec{V}$ と $\vec{u}_1'$ の大きさがわかるので，この三角形が決まり，$\vec{v}_1'$ が求まる．次に，
$$\vec{u}_2' = \vec{v}_2' - \vec{V}$$

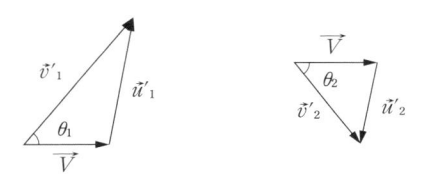

図 11-8

の関係を図示する（図 11-8 の右）.

ここで (11-26) より $\vec{u}_2 = -\vec{V}$ で, (11-30) により $\vec{u}'_2$ の大きさがわかり, またその方向は左図の $\vec{u}'_1$ と一直線上反対方向である.

{問 1}
　先の問題で $\theta_1 = 60°$ の弾性衝突とした場合の $\vec{v}'_1$ を求めてみよ.

　結局，運動量保存則とエネルギー保存則があっても，決まらない未知数が残り，これを重心系でとらえた場合，衝突後の散乱角度が定まらないという結果になった．これまでに扱ってきた力学の問題で，解が決まらないということにここではじめて出会ったことになる．ニュートン力学に 1 つの"穴"があると見ることもできる．このことは次章以降で重要な意味をもってくる．

余談：ホイヘンスの衝突理論

　この章で明らかになった「運動量保存則」が確立されるうえで，ニュートンより少し先輩であったホイヘンスの研究『衝突による物体の運動について』(1703) がきわめて重要な役割を果たした．とくに，座標系による運動の相対性を基礎にして明快な論理を展開しているところに，このホイヘンスの仕事の際立った特徴がある．ここで，簡単にその一部を紹介しておこう．

　ホイヘンスは，1 次元，すなわち一直線上での完全弾性衝突のみを取り扱い，まず実験にもとづいた仮説をたてて，これにもとづいて衝突の基本的な原理を導いていく．
　　仮説の第 1：「いったん動かされた任意の物体は，何ものにも妨げられないかぎり，たえず同じ速さで直線にそって動き続ける．」
これは，デカルト，ガリレオの「慣性」に他ならない．このうえで，
　　仮説の第 2：「互いに大きさの等しい 2 つの物体が，等しい速さで逆方向から来てまっすぐに互いに衝突するとき，両者はやって来たときの速さと同じ速さで跳ね返る．」
これらの仮説を前提として，次に

$$\overset{m}{\underset{v}{\circ}} \rightarrow \quad \overset{m}{\underset{}{\circ}} \qquad \overset{v}{\underset{}{\fbox{$\circ\ \circ$}}} \rightarrow v$$

命題：「静止している物体に大きさの等しい別の物体が衝突するなら，衝突後，後者は静止するが，静止していた物体は，押しやる物体にあった速さと同じ速さを得る.」

を証明する．この証明は有名な船の図を用いて明快に与えられる．図のように，上の仮説2に相当する実験を一定速度で動いている船の上でおこなっても，両者が同じ速さ v で衝突することには変わりはない．このとき船の速さが物体Bと同じ速さで同じ方向であったとすると，これを岸から観察したとき，物体Aが速さ $2v$ で，静止している物体Bに衝突し，衝突後は物体Aが静止し，Bが速さ $2v$ を得て進むことがわかる．これで命題は証明された．

もし，船の速さが v でなく，一般に任意の速さ u であったとすると，岸から観察したときの速さの交換は

衝突前：Aの速さ　$u+v$, Bの速さ　$u-v$

衝突後：　〃　　　$u-v$,　　〃　　　$u+v$

となり，速さが対称的に交換されていることがわかる．また衝突の前後で相対速度 ($2v$) が保たれていることがわかるのである．

次にこれを，大きさの異なる物体間の衝突に拡張する．ここでさらに次の2つの仮説を導入する．

仮説の第3：「大きいほうの物体が，静止した小さい物体に衝突するならば，前者は後者に運動をいくらか与え，したがって，自分の運動をいくらか失う.」

仮説の第4：「2つの硬い物体が互いに衝突し，その衝突後それらのうちの一方の物体に，それまでそれが保持していた運動全体が保存されるということが起こるならば，他方の物体の運動もなんら減少させられたり増大させられたりしない.」

ここで"運動"というややあいまいな量が使われているが，前後の文脈からスカラー量としての運動量をさしていることがわかる．すなわち仮説4は「衝突する一方の物体の速度の大きさが衝突前後で変わらなければ，もう一方の物体のそれも変

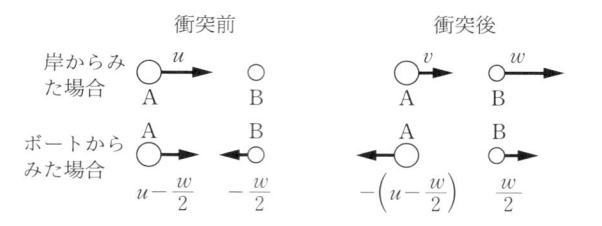

	衝突前	衝突後
岸からみた場合	A $\xrightarrow{u}$ ○ ○ B	A $\xrightarrow{v}$ ○ ○ $\xrightarrow{w}$ B
ボートからみた場合	A ○→ ○← B $u-\dfrac{w}{2}$ $-\dfrac{w}{2}$	←○ A ○→ B $-\left(u-\dfrac{w}{2}\right)$ $\dfrac{w}{2}$

わらない」ということである．これらの仮説をもとに，

  命題：「二物体が互いに衝突するときにはいつでも，相対的観点には，離隔しあうときの速さは，接近しあったときの速さと同じである．」

これは，(11-19)で与えられた相対速度の比が完全弾性衝突では1であることと同じである．今，大きいほうの物体Aが速さuで，静止した小さい物体Bに衝突し，その結果，仮説3によって，A，Bの速さがそれぞれv, wになったとする．

この衝突を速さが$\dfrac{w}{2}$で右に進んでいる船の上から観測したとすると，それぞれの速さは，

 衝突前：Aの速さ $u-\dfrac{w}{2}$，Bの速さ $-\dfrac{w}{2}$

 衝突後： 〃 $v-\dfrac{w}{2}$， 〃 $\dfrac{w}{2}$

である．すなわちBの速度の大きさは前後で変わらず，したがって仮説4に従えば，Aの速さも変わらず，衝突後のAの速さは$-\left(u-\dfrac{w}{2}\right)$でなければならない．これより，$v-\dfrac{w}{2}=-\left(u-\dfrac{w}{2}\right)$であり，したがって，$w-v=u$となる．すなわち，衝突前後の相対速度（$u$）は同じであることが証明された．

 これらの議論からさらにホイヘンスは，運動量の保存則に相当する命題や，二物体を1つの系として見た場合の全運動量の任意性などの議論を展開する．そしてさらには，

  命題：「互いに衝突する二物体のそれぞれの大きさをそれぞれの物体の速さの自乗に掛けることによって得られるものを，いっしょに加えるならば，それは衝突の前後で等しくなる．」

を導いている．これによってすでに運動エネルギーの保存をとらえているのである．（ホイヘンス『衝突による物体の運動について』原亨吉編，科学の名著10，朝日出版社）

演習問題 XI

(1) 滑らかな水平面上に,滑らかな斜面をもつ質量 M の台がある.水平面と斜面のなす角を θ とする.この斜面上に質量 m の物体 A を置き静かに離す.物体 A が高さ h だけ滑り落ちたとき,台と物体 A の水平方向の移動距離を求めよ.

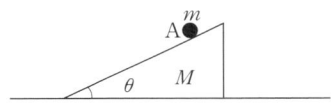

(2) 2節の例題2において,系の重心の運動を示せ.また,両粒子の相対距離が r のときの相対速度,両粒子の最接近距離および,十分に時間が経った後の各粒子の速度を求めよ.

(3) 滑らかな水平台上に,質量 m が等しい2つの粒子 A と B が軽いバネで繋がれて置いてある.図のようにこの粒子 A に,同じ質量 m の粒子 S が速度 v_0 で弾性衝突した.ここで,バネの自然長を a,バネ定数を k とし,運動は一直線上に限られているとする.衝突後の任意の時刻における A,B の位置を求めよ.

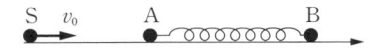

(4) 質量 m_1 の粒子 A が速度 v_1 で,静止している粒子 B に弾性衝突する.衝突後はそれぞれ逆向きの方向に等しい速さで運動した.
 ・B の質量
 ・重心系での速度
 ・衝突後の A,B それぞれの運動エネルギーを求めよ.

(5) 質量 m_A の球 A と質量 m_B の球 B が共に長さ a の糸で吊るされ，両球は接している．A を水平の位置まで横に持ち上げて離す．運動は鉛直面内であるとする．衝突後 A，B は互いに反対方向に同じ $\frac{1}{8}a$ の高さまで上った．

・このとき m_A と m_B の比を求めよ．
・衝突でどれだけのエネルギーが失われたか．

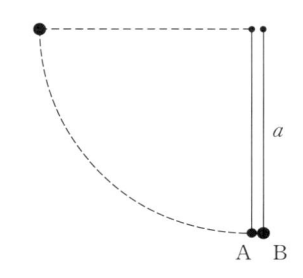

(6) 質量 m_1，速度 v_1 の粒子が，質量 m_2 の静止している粒子と完全非弾性衝突する場合，衝突後の粒子の速度，およびエネルギーの失われる割合を求めよ．

(7) 1次元の運動で，質量 $m_1 = 2m$，速度 v_0 の粒子が，質量 $m_2 = 3m$ の静止している粒子に衝突した後，両者が互いに離れていく相対速度が衝突前の相対速度の 5/9 であった．それぞれの衝突後の速度を求めよ．この衝突によるエネルギーの変化はどうなっているか．

第XII章
気体の圧力と温度

地球表面での大気圧は平均1気圧（1013.25 hPa）である．生活に快適な温度は20°Cぐらいであろうか．このような気体の「圧力」や「温度」というものがいったい何なのか，日常的には身近なものとしてよく知っている．

　圧力や温度の概念は，はじめニュートン力学とは独立に経験的な熱学から出発し，また気体反応などの化学的理解の発展にもよっている．ところで，経験的に知っているこの圧力や温度という加算的でない量（示強変数）は，気体が多数の分子の集団であるとしたとき，個々の分子の力学的な運動といったいどう関係するのか．質量をもった気体分子が重力を受けてみな地表に落ちて積もってしまわないのはなぜなのか．本章ではこのことをとりあげ，ニュートン力学から熱力学へと繋ごう．これは熱力学の多くの教科書の入り口とは異なり，ベルヌーイ（*Bernoulli* 1700-1782）によってはじめられた『気体分子運動論』(1738)にもとづいている．

錬金術から生まれた化学の歴史において，燃焼や気体反応の経験や実験による知見の積み重ねから，温度や気体の圧力に関する理解が次第に整理されていった．1643年にトリチェリ（$Torricelli$ 1608-1647）により真空（トリチェリ真空）と大気圧が理解され，1662年にボイル（$Boyle$ 1627-1691）により「一定の温度では気体の圧力と体積の積が一定に保たれる」（ボイルの法則）ことが明らかにされた．また，シャルル（1787年）（$Charles$ 1746-1823）とゲイ・リュサック（1808年）（Gay-$Lussac$ 1778-1850）による気体の熱膨張の研究から，「圧力が一定のとき気体の体積は，気体の種類によらず温度に比例する」ことが示された．すでにセルシウス（$Celsius$ 1701-1744）やファーレンハイト（$Fahrenheit$ 1686-1736）によって摂氏，華氏の温度目盛が考案されていたが，このボイル・シャルルの法則によって「温度計による温度の測定」が原理的な意味をもつものになった．

　さて，測定によれば，0℃における気体の体積を V_0，t ℃のときを V とすると，圧力一定のもとでは，

$$V = V_0\Big(1 + \frac{t}{273.15}\Big) \qquad (12\text{-}1)$$

が成り立つ．この式を書き換えて，

$$T = 273.15 + t \qquad (12\text{-}2)$$

によって新しい温度目盛り T を採用すると，(12-1)式は

$$V = V_0 \frac{T}{273.15} \qquad (12\text{-}3)$$

と表され，この式によれば，$T = 0$ は"気体の体積がゼロになる温度"を意味することになる．この温度 $t = -273.15$ ℃は**絶対零度**とよばれる．

　一方，化学の発展の歴史においては，気体反応の定量的関係の分析から，気体は多数の原子（分子）の集合体であり，「同じ体積の気体は，等温，等圧においては同数の分子を含む」ことが明らかにされた｛アヴォガドロ（$Avogadro$ 1776-1856）の法則｝．

　このような気体の圧力，温度，体積と分子数等の関係は，ニュートンの運動法則とはどう関係するのか，すべてが力学法則によって説明できるのかを考えてみたくなる．簡単な場合として，気体は大きさが無視できる完全な弾性球と

しての分子のみからなり，互いの相互作用は弾性衝突を，したがって系のエネルギーは分子の運動エネルギーのみからなるとしよう．これは熱力学における「**理想気体**」に相当する．

（１）気体の圧力

今，断面積が S の滑らかに動くピストンをもった箱に気体を入れる（図12-1）．箱の外部が真空であると，気体を箱の中に保持するためにはピストンに外部から力 F を加えなければならないだろう．これは気体の圧力をピストンが支えるためであり，気体が弾性球分子の運動状態であるとすると，この圧力は，気体分子が壁に衝突を繰り返しているために生じていると考えなければならない．圧力 P を，単位面積あたりの支える力に相当するとして定義すると

$$P = F/S \tag{12-4}$$

である．この力を分子の衝突から求めてみよう．１個の分子がピストンの壁に衝突することを考えよう（図12-2）．第Ⅱ章で運動の第２法則から「運動量変化は力積に等しい」ことが(2-3)式で示されていた．

$$\vec{P}(t_2) - \vec{P}(t_1) = \int_{t_1}^{t_2} \vec{F} dt$$

分子が力を受けるのは壁との衝突の間だけであり，その短い時間 $\Delta t = t_2 - t_1$ の間の力積が衝突前後の運動量の変化量を与える．固定された壁に速度 v の粒子が正面衝突して完全に跳ね返るとき，その前後の運動量の変化量は，前章の例題４によって，

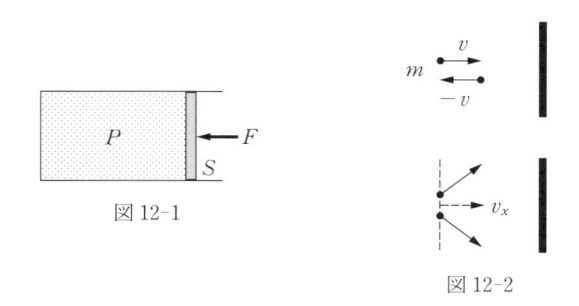

図 12-1

図 12-2

$$mv-(-mv)=2mv \tag{12-5}$$

であり，これが力積に等しい．

　実際には多数の分子がランダムに飛びかい，壁にぶつかる．その速度の方向はさまざまである．速度の x 方向成分を v_x とすると，1 分子の 1 回の衝突による運動量変化は $2mv_x$ である．この速度成分 v_x をもつ分子の密度を n'_x とすると，時間 Δt の間に壁に衝突する分子数は $n'_x v_x S \Delta t$ であるから，壁が受けもつ力積は，

$$F\Delta t = n'_x v_x S \Delta t \cdot 2mv_x$$
$$\therefore \quad F = 2m n'_x v_x^2 S \tag{12-6}$$

したがって (12-4) によって，壁が受ける圧力は

$$P = 2m n'_x v_x^2 \tag{12-7}$$

である．

　さて，いうまでもなく，分子はさまざまな速度をもっている．したがって壁が受ける圧力はこれらの和 $2m\sum n'_x v_x^2$ になる．これを速度の自乗の平均値で置き換えよう．壁に向かって飛んでくる種々の速度をもった分子の全密度を n' とすると，$\sum n'_x v_x^2 = n'\langle v_x^2 \rangle$（$\langle\ \rangle$ は平均を意味する）により，

$$P = 2m n' \langle v_x^2 \rangle$$

しかし，まだこれでは完全でない．分子は左右に任意に運動している．箱の中の分子の密度を n とすると $n = 2n'$ である．また分子の速度の方向はランダムであるから，

$$\langle v_x^2 \rangle = \langle v_y^2 \rangle = \langle v_z^2 \rangle = \frac{1}{3}\langle v^2 \rangle \tag{12-8}$$

これらから結局，求めるべき圧力は

$$P = \frac{1}{3}nm\langle v^2 \rangle = \frac{2}{3}n\left\langle \frac{1}{2}mv^2 \right\rangle \tag{12-9}$$

すなわち，気体の圧力は，分子のもつ運動エネルギーの平均値で与えられた．これから，分子数 N，体積 V の気体において，

$$PV = \frac{2}{3}N\left\langle \frac{1}{2}mv^2 \right\rangle \equiv \frac{2}{3}U \tag{12-10}$$

気体が理想気体であるとして，個々の分子の結合エネルギーを無視すると，気体のもつ全エネルギーは運動エネルギーのみの総和，(12-10) の U であり，気

体の内部エネルギーとよばれる．結局，気体の圧力は単位体積あたりの気体のもつ内部エネルギーによって与えられることがわかった．

（２）気体の温度

今，箱の中に2種類の気体が入っているとしよう．片方の分子の質量を m_1，他方を m_2 とする．すべての分子は互いにランダムな衝突を繰り返し運動している．壁に及ぼす圧力は2種の分子がさまざまに衝突することによって生じる．

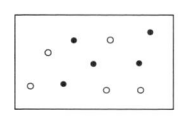

図 12-3

前章3節で見たように，m_1, m_2 の2粒子の衝突は，これを重心系で観測すると衝突の前後における各粒子の速度は不変で，散乱方向は任意であった．多数の粒子が多数回衝突を繰り返しているとき，衝突する2粒子の方向はどの方向にも等確率で見つかる．したがってある2粒子の重心速度

$$\vec{V} = \frac{m_1 \vec{v}_1 + m_2 \vec{v}_2}{m_1 + m_2}$$

と，相対速度 $\vec{u} = \vec{v}_1 - \vec{v}_2$ の間の角度にはあらゆる方向があり，その平均はゼロとなる．すなわち

$$\langle \vec{u} \cdot \vec{V} \rangle = 0 \tag{12-11}$$

である．そこで

$$\vec{u} \cdot \vec{V} = (\vec{v}_1 - \vec{v}_2) \cdot \frac{m_1 \vec{v}_1 + m_2 \vec{v}_2}{m_1 + m_2} = \frac{(m_1 v_1^2 - m_2 v_2^2) + (m_2 - m_1)(\vec{v}_1 \cdot \vec{v}_2)}{m_1 + m_2} \tag{12-12}$$

の平均を考えると，後の項で $\langle \vec{v}_1 \cdot \vec{v}_2 \rangle = 0$ は明らかであるから，(12-11) が成り立つためには

$$\langle m_1 v_1^2 \rangle = \langle m_2 v_2^2 \rangle \tag{12-13}$$

が要請されることになる．

結局，2種の分子からなる気体において，すべての分子がランダムに衝突を

繰り返していて平衡状態にあるとき，両分子の平均の運動エネルギーは等しい．一般に2種類に限らず，任意の種類の気体分子が混じっていても同じ議論が成り立つ．すなわち気体分子の種類によらずそれらの平均の運動エネルギーが意味をもつことになる．

次に，箱の中の2種の分子が膜によって隔てられた2室に別々に入っている場合を考えよう（図12-4）．一方の気体の分子の質量 m_1，密度 n_1，速度 v_1，他方を m_2, n_2, v_2 とし，両者を隔てる膜は自由に動けるとする．膜が自由に動けるということは，双方からの圧力が最終的にはつりあって，平衡状態では同圧力になる．このことは (12-9), (12-10) 式から，単位体積あたりの内部エネルギーが等しくなることを意味する．すなわち

$$n_1 \left\langle \frac{1}{2} m_1 v_1^2 \right\rangle = n_2 \left\langle \frac{1}{2} m_2 v_2^2 \right\rangle \tag{12-14}$$

分子の密度と平均の運動エネルギーの積が等しいということであるが，これだけだと，$n_1 > n_2$ であって，$\left\langle \frac{1}{2} m_1 v_1^2 \right\rangle < \left\langle \frac{1}{2} m_2 v_2^2 \right\rangle$ であることを含む．

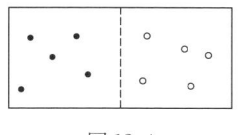

図 12-4

ところで，膜もまた分子の集団でできている．気体分子の膜への衝突は膜の分子に運動エネルギーを伝達し，結果として膜の移動が起こる．膜はいたるところで微小な運動を繰り返している．すなわち，膜は両側の気体分子の運動エネルギーのやりとりの仲介をしているにすぎない．その結果として平衡状態では両気体の運動エネルギーの平均値は等しくなる．結局 $\left\langle \frac{1}{2} m_1 v_1^2 \right\rangle = \left\langle \frac{1}{2} m_2 v_2^2 \right\rangle$ であるから，$n_1 = n_2$ となる．すなわち，両気体が膜を隔てて等圧になるということは，両者の分子密度が等しくなることを意味する．そのような状態が実現されるまで膜が移動して平衡状態ができる．両室の体積が等しければ，同じ分子数を含むことになる．

先の議論から，系を構成している分子の種類によらず，平衡状態が実現したとき分子の平均の運動エネルギーが等しいということが結論された．ここではさらに，可動な膜で仕切られた異なる種類の気体が等圧になったとき，両者の平均の運動エネルギーが等しくなることも結論された．このことから，この平均値を構成粒子の種類とは独立な一般的な量として考えることが可能になった．そこでこれに<u>温度</u>という概念を与えることにする．(12-10) 式

$$PV = \frac{2}{3} N \left\langle \frac{1}{2} mv^2 \right\rangle$$

より

$$\left\langle \frac{1}{2} mv^2 \right\rangle = \frac{3}{2} kT \qquad (12\text{-}15)$$

として，絶対温度 T（K：ケルビン）を定義する．ここで k は熱力学でよく知られた**ボルツマン定数**（$k = 1.38 \times 10^{-23}$ Joule/K）である．いうまでもなく絶対温度ゼロは運動エネルギーがゼロであることを意味する．したがって分子が衝突して壁に与える圧力もない．分子の大きさを無視すると体積はゼロになり (12-2) の温度と同じになる．

　分子の運動を平均でとらえ，平均値で温度を定義するもとには，**熱平衡**の概念がある．可動な膜で仕切られた気体が等圧になるのは膜を通してエネルギーのやりとりがおこなわれ，結果として両気体の間で熱平衡が実現したのであり，膜を通して両者が等温になったのである．そしてこの等温，等圧の気体は等しい密度，したがって体積が等しいとき同数の分子からなる．アヴォガドロの法則が説明されたわけである．

　(12-15) 式で係数 3/2 が用いてあるのは，

$$\langle v^2 \rangle = \langle v_x^2 \rangle + \langle v_y^2 \rangle + \langle v_z^2 \rangle \qquad (12\text{-}16)$$

であるから，運動の 1 自由度に対して $\frac{1}{2} kT$ を割り当てるようにとるためである．これを**エネルギー等分配則**という．1 分子の 1 自由度あたり $\frac{1}{2} kT$ の内部エネルギーをもつ，ということになる．

　これまでは気体を構成している分子を弾性球と見なしてきた．実際には気体の多くは多原子分子であるので，次にこの場合を考えてみよう．

　分子同士の衝突や分子の壁との衝突はすべて分子に対しては外力である．前

章2節でみたように，分子の運動エネルギーは重心運動の部分と分子内の原子の相対運動の部分に分けられた．簡単のために2原子分子を考えよう．前章 (11-12) 式の重心運動の部分について，その平均値 $\left\langle \frac{1}{2}MV^2 \right\rangle$ を調べてみる．

$$M = m_1 + m_2$$

$$\vec{V} = \frac{m_1 \vec{v}_1 + m_2 \vec{v}_2}{M}$$

から

$$V^2 = \frac{1}{M^2}(m_1{}^2 v_1{}^2 + m_2{}^2 v_2{}^2 + 2m_1 m_2 (\vec{v}_1 \cdot \vec{v}_2)) \tag{12-17}$$

これから

$$\begin{aligned}
\frac{1}{2}M\langle V^2 \rangle &= \frac{1}{M}\left\{ m_1 \cdot \frac{1}{2}m_1 \langle v_1{}^2 \rangle + m_2 \cdot \frac{1}{2}m_2 \langle v_2{}^2 \rangle + m_1 m_2 \langle \vec{v}_1 \cdot \vec{v}_2 \rangle \right\} \\
&= \frac{1}{M}\left\{ m_1 \cdot \frac{3}{2}kT + m_2 \cdot \frac{3}{2}kT + m_1 m_2 \langle \vec{v}_1 \cdot \vec{v}_2 \rangle \right\} \\
&= \frac{3}{2}kT + \frac{1}{M}(m_1 m_2 \langle \vec{v}_1 \cdot \vec{v}_2 \rangle)
\end{aligned} \tag{12-18}$$

さてここで，衝突を繰り返す分子の内部では，2つの原子の個々の速度ベクトルもランダムであるから，$\langle \vec{v}_1 \cdot \vec{v}_2 \rangle = 0$ であり，結局，重心運動の運動エネルギーの平均値が $\frac{3}{2}kT$ であることがわかる．

一方，重心系で見るのでなく個々の原子を観測すると，各原子は $\frac{1}{2}m_1 v_1{}^2$，$\frac{1}{2}m_2 v_2{}^2$ の運動エネルギーをもっているので，その平均は

$$\frac{3}{2}kT + \frac{3}{2}kT = 3kT \tag{12-19}$$

である．これは2個の原子の計6自由度に対応している．このエネルギーのうち，重心運動のエネルギーが $\frac{3}{2}kT$ であるから，分子内の内部運動の平均エネルギーが $\frac{3}{2}kT$ である．

一般に n 個の原子からなる分子の場合には，全エネルギーは $\frac{3}{2}nkT$，このうち分子の重心運動のエネルギーが $\frac{3}{2}kT$ であり，したがって，分子の内部運動のエネルギーが $\frac{3}{2}(n-1)kT$ である．

（３）速度と密度の分布**

　前節の議論で，熱平衡にある理想気体において，粒子の１自由度あたりの運動エネルギーの平均が $\frac{1}{2}kT$ として，その系の温度に対応することが示された．ところで，実際に温度 T の気体が熱平衡にあるとき，気体粒子の速度はどのようになっているのであろうか．平均値はわかっているが，各粒子はさまざまな速度をもって運動しているであろう．この速度の分布には何らかの法則性があるのだろうか．

　今，箱に閉じ込められた気体の全粒子数を N とし，これらには何ら外力はなく，熱平衡にあるとする．個々の粒子の速度を (x,y,z) 座標で表して v_x, v_y, v_z とする．速度が v_i と v_i+dv_i $(i=x,y,z)$ の間の値をもつ確率を $f(v_i)dv_i$ とすると，その速度で指定される粒子数は $Nf(v_i)dv_i$ である．ここで $f(v_i)$ は速度分布関数とよぶ．

　$f(v_i)$ は各速度変数について独立の確率を与えるから，結局粒子の速度が (v_x, v_y, v_z) と $(v_x+dv_x, v_y+dv_y, v_z+dv_z)$ の間にある数は

$$Nf(v_x)f(v_y)f(v_z)dv_x dv_y dv_z$$

である．ここで座標のとり方は任意であるから，速度分布は速度の大きさ，すなわち速度空間において原点からの距離だけに依存すると考えてよい．すなわち

$$f(v_x)f(v_y)f(v_z) = \phi(v_x^2 + v_y^2 + v_z^2) \tag{12-20}$$

を満たすような性質の関数であるはずである．このような関係をみたす $f(v_i)$ の関数形は指数関数で

$$f(v_i) = C\exp(Av_i^2) \tag{12-21}$$

と与えることができる．ここで C, A は系の等方性から x, y, z によらないとしてよい．また，A が正の値とすると，速度の増加とともに粒子数が増え，全粒子数が発散してしまうので，A は負としなければならない．そこで，

$$A = -1/\alpha^2$$

とおくと，全粒子数を与える関係は

$$NC^3\int_{-\infty}^{+\infty}\exp(-\frac{v_x^2}{\alpha^2})dv_x\int_{-\infty}^{+\infty}\exp(-\frac{v_y^2}{\alpha^2})dv_y\int_{-\infty}^{+\infty}\exp(-\frac{v_z^2}{\alpha^2})dv_z=N \quad (12\text{-}22)$$

ここで積分公式

$$\int_{-\infty}^{+\infty}\exp(-\frac{x^2}{\alpha^2})dx=\alpha\sqrt{\pi} \quad (12\text{-}23)$$

により (12-22) から，$C=1/\alpha\sqrt{\pi}$ と決まる．したがって (12-21) は

$$f(v_i)=\frac{1}{\alpha\sqrt{\pi}}\exp\left(-\frac{v_i^2}{\alpha^2}\right) \quad (12\text{-}24)$$

である．

さて，(12-15), (12-16) から，

$$\frac{1}{2}m\langle v_x^2\rangle=\frac{1}{2}kT \quad (12\text{-}25)$$

である．そこで $\langle v_x^2\rangle$ を (12-24) から求めてみよう．この平均値は種々の速度 v_x をもつ粒子数を用いて，

$$\langle v_x^2\rangle=\frac{1}{N}\sum_{v_x}v_x^2\cdot Nf(v_x)dv_x=\int_{-\infty}^{+\infty}f(v_x)v_x^2 dv_x \quad (12\text{-}26)$$

である．(12-24) を代入して積分を実行すると，

$$\langle v_x^2\rangle=\frac{1}{\alpha\sqrt{\pi}}\int_{-\infty}^{+\infty}\exp(-\frac{v_x^2}{\alpha^2})v_x^2 dv_x$$

$$=\frac{1}{\alpha\sqrt{\pi}}\frac{d}{d(-1/\alpha^2)}\left\{\int_{-\infty}^{+\infty}\exp\left(-\frac{v_x^2}{\alpha^2}\right)dv_x\right\}=\frac{1}{\alpha}\frac{d}{d(-1/\alpha^2)}(\alpha)=\frac{1}{2}\alpha^2$$

したがって (12-25) から，

$$\frac{1}{2}m\alpha^2=kT \text{ が得られ，} \alpha=\sqrt{\frac{2kT}{m}} \text{ であることがわかる．}$$

結局，温度 T で熱平衡にある気体の分子の速度分布関数は

$$f(v_x)=\sqrt{\frac{m}{2\pi kT}}\exp\left(-\frac{mv_x^2}{2kT}\right) \quad (12\text{-}27)$$

となる．1個の分子が，v_i と v_i+dv_i ($i=x, y, z$) の範囲の速度をもつ確率は

$$f(v_x, v_y, v_z)dv_x dv_y dv_z=f(v_x)f(v_y)f(v_z)dv_x dv_y dv_z$$

$$=\left(\frac{m}{2\pi kT}\right)^{3/2}\exp\left(-\frac{mv^2}{2kT}\right)dv_x dv_y dv_z$$

速度が方向の如何によらず v と $v+dv$ の範囲にある確率は，(v_x, v_y, v_z) で描かれる3次元空間で半径が v と $v+dv$ の球殻内の (v_x, v_y, v_z) の組み合わせの数を上式にかけたものである．すなわちこれは球殻の体積倍であり，したがって，

$$f(v) = 4\pi \left(\frac{m}{2\pi kT}\right)^{3/2} v^2 \exp\left(-\frac{mv^2}{2kT}\right) \tag{12-28}$$

で与えられる．図 12-5 は確率 $f(v)$ を表している．確率が最大になる速度は温度によって変わり，温度が高くなると大きくなる．気体分子 N 個のうち，速度 v の分子数 $n(v)$ は

$$n(v) = 4\pi N \left(\frac{m}{2\pi kT}\right)^{3/2} v^2 \exp\left(-\frac{1}{kT}\cdot\frac{1}{2}mv^2\right) \tag{12-29}$$

この (12-28), (12-29) はマクスウェルの速度分布則とよばれる．
これは，速度の平均が一定温度で指定されることのみから導かれる結論である．

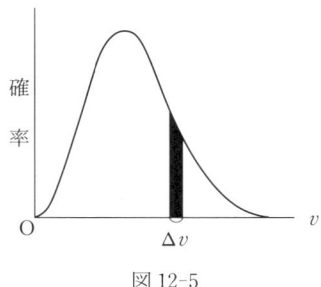

図 12-5

さて，次に気体の系が全体として外力を受けている場合，とくに保存力場のもとで熱平衡にあるとき，気体分子の空間的な密度分布はどうなっているだろうか．この問題のもっとも簡単な例として重力下での大気柱を考えてみよう．すぐにわかるように，大気は地上に近いほど圧力が高い．これは粒子の衝突回数が高い，すなわち密度が高いことによっている．

大気柱は高さによらず系全体として熱平衡にあるとする．すなわちどこでも温度は一定である．もし下方の温度が高ければ，衝突を繰り返して運動エネルギーを伝達し平衡に向かうからである．上方で希薄であっても，分子間の衝突回数が少なくなるだけで，各分子のもつ運動エネルギーの平均値，したがって温度は変わらない．

さて，気柱の任意の高さ h と $h+dh$ の間の圧力差を考えよう．下方は上方の気体の重さを支えているので圧力は高くなる．気柱の断面は単位面積をとり，単位体積あたりの分子数密度 n を用いると，

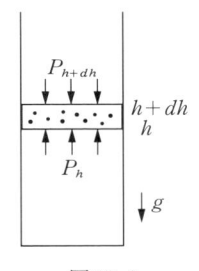

図 12-6

$$P_{h+dh} - P_h \equiv dP = -mgndh \tag{12-30}$$

一方，(12-10), (12-15) 式より

$$PV = \frac{2}{3}N\left\langle \frac{1}{2}mv^2 \right\rangle \equiv \frac{2}{3}U = NkT \tag{12-31}$$

すなわち

$$P = nkT \tag{12-32}$$

である．温度 T は一定であるから，$dP = kTdn$．したがって，

$$kTdn = -mgndh$$

$$\therefore \quad \frac{dn}{dh} = -\frac{mg}{kT}n \tag{12-33}$$

これは，高さによる密度の分布を与える微分方程式である．解は

$$n(h) = n_0 \exp\left(-\frac{mgh}{kT}\right) \tag{12-34}$$

n_0 は $h=0$ の基準になる高さにおける密度である．これで密度分布が得られた．重力下で熱平衡にある気体分子はすべて地上に堆積するのでなく，温度 T で特徴づけられる指数関数に従って分布するのである．

(12-34) 式中の mgh は分子の位置エネルギーである．重力の場合に限らず，一般に保存力が特定の方向に作用している場合に同様の議論ができる．その方向を x とし，その力を F とすると (12-33) と同様に

$$\frac{dn}{dx} = \frac{Fn}{kT} \qquad \therefore \quad \frac{dn}{n} = \frac{Fdx}{kT}$$

ここで力 F に対応する位置エネルギーを V とすると，$Fdx = -dV$ であるから，

$$\frac{dn}{n} \equiv d(\ln n) = -\frac{dV}{kT}$$

積分すると，
$$\ln n = -\frac{V}{kT} + C$$
すなわち，場の方向に対する分子密度の分布は
$$n(x) = C_0 \exp\left(-\frac{V(x)}{kT}\right) \tag{12-35}$$

気体が熱平衡にあるとき，ある場所に分子がある確率は，その位置エネルギーの指数関数によって決まる．これをボルツマンの分布則，指数因子を **_Boltzmann Factor_** とよぶ．

演習問題 XII

(1) 理想気体の分子の速度の自乗平均根（Root mean square）$\tilde{v} = \langle v^2 \rangle^{1/2}$ は，絶対温度の平方根に比例し，分子質量の平方根に反比例することを示せ．

(2) 容積 V の箱の中に理想気体分子が N 個あり，温度 T で熱平衡にある．この箱に面積が S の微小な穴を開けたとき，この穴から 1 秒間に何個の分子が飛び出してくるか．ここで，箱の外部は真空，壁の厚さは十分に薄く，穴は小さくて内部の分子数の変化は無視する．

(3) アルゴンガスを理想気体とみなそう．300 K におけるアルゴン原子の平均の運動エネルギーと平均の速度の大きさを求めよ．ここで，アルゴン原子の質量を 6.63×10^{-26} kg，ボルツマン定数を $k = 1.38 \times 10^{-23}$ JK^{-1} とする．

(4) 質量 m の原子 3 個からなる気体分子が密度 n，温度 T で熱平衡にある．この分子 1 個のもつ平均の分子内エネルギー，気体の圧力を求めよ．

*(5) マクスウェル速度分布をもつ気体で，分子がもつもっとも確率の高い速度を求めよ．

*(6) マクスウェル速度分布をもつ気体分子の平均速度 $\bar{v}$，および Root mean square $\tilde{v}$ を速度分布から求めよ．

（積分公式） $\displaystyle\int_0^\infty x^{2n} \exp(-ax^2) dx = \frac{1}{2} \frac{1 \cdot 3 \cdot 5 \cdots (2n-1)}{2^n a^n} \sqrt{\frac{\pi}{a}}$

第XIII章
熱力学法則とエントロピー

前章で紹介した気体分子運動論によって，ニュートン力学と熱力学の橋渡しができた．気体分子の力学的エネルギーの平均値が熱平衡における温度を与え，分子の衝突によるエネルギーの伝達が物質の温度変化をもたらすことが理解できた．ニュートン力学における力学的エネルギーは熱エネルギーという概念にすぐに繋がることが理解できよう．本書は熱力学を全面的に展開することを目的としていないが，最終章として，熱エネルギーとこれを含むエネルギー保存則，すなわち熱力学第1法則に到達しておくことは必然的である．

　ところで，前章の議論の段階から，実はニュートン力学には含まれていない新たな概念を勝手に導入してきている．ニュートン力学だけでは自然の現象が完全には説明できないはじめての本質的な問題に出くわしているのである．これまで，エネルギーという概念を中心軸として展開してきた議論に，ここでこれとはまったく異質の新しい物理量，エントロピーを紹介して本書の最後の役割としよう．

（1）熱エネルギー，熱力学第一法則

　前章の議論で，気体の温度は内部エネルギー，すなわち気体分子の運動エネルギーの平均値によって与えられることが示された．先に示したように (12-10)，

$$PV = \frac{2}{3}N\left\langle \frac{1}{2}mv^2 \right\rangle \equiv \frac{2}{3}U = NkT \tag{13-1}$$

である．熱力学の世界では多くの場合，気体1モルに対して

$$PV = RT \tag{13-2}$$

と表し，この R を理想気体の気体定数とよぶ．1モルに含まれる気体分子数はアボガドロ数 $N_A = 6.022\times 10^{23}/\text{mol}$ であるから，

$$k = \frac{R}{N_A} \tag{13-3}$$

である．気体の圧力，体積，温度の関係を表すものは一般に気体の**状態方程式**とよばれる．(13-1), (13-2) 式は理想気体の状態方程式であり，前章のはじめに述べたボイル・シャルルの法則に他ならない．

　さて，「温度が上がる，下がる」という経験的な現象を考察しよう．今，体積が一定の容器に気体が閉じこめられていて，容器を何らかの方法で熱すると，気体の温度が上昇する．これは，これまでの分子論的なとらえ方によれば，熱せられた容器の壁を通して，壁の分子の運動エネルギーが気体分子の運動エネルギーに伝達され，気体の内部エネルギー U が増加したことによる．この気体の内部エネルギーの増加分が外部から注入されたエネルギーに相当する．他にエネルギーの散逸がなければ，どのような方法でエネルギーが注入されても，全体としてその保存関係は成り立っているはずである．そこで熱力学ではこのようなエネルギーとして**熱量 Q** の概念を導入する．すなわち，気体に加えられた熱量だけ内部エネルギーが増加する．これは

$$\Delta Q = \Delta U \tag{13-4}$$

と表される．

　気体の内部エネルギーが増加し，その結果圧力が増して，気体が壁を押して

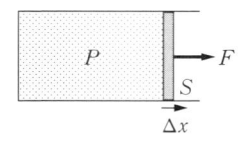

図 13-1

膨張した場合には，加えられた熱は内部エネルギーの増加だけでなく，力学的な仕事にも使われたことになる．図 13-1 のように気体の圧力によってピストンが移動する場合を考えると，面積 S のピストンに働く力 F によって微小な距離 Δx だけ移動させる場合に気体のする仕事 ΔW は

$$\Delta W = F\Delta x = PS\Delta x = P\Delta V \tag{13-5}$$

である．ΔV は気体の体積の増加分である．このとき，加えられた熱エネルギー ΔQ は

$$\Delta Q = \Delta U + P\Delta V \tag{13-6}$$

の関係を満たす．このエネルギー保存の関係が**熱力学第 1 法則**とよばれるものである．

> 熱の理解は歴史的には化学の発展によるところが大きい．はじめ熱は**熱素**とよばれるある種の物質と考えられていた（熱素説）．ブラックによる潜熱の測定 (1760)，ラヴォアジェによる燃焼の研究 (1788)，デーヴィの熱と運動の関係の研究 (1799) 等を経て，熱の物質粒子の運動としての理解が確立され，熱素説を卒業することになった．これに続いて，熱と動力の関係の理解の発展から，マイアー (1842)，ジュール (1843) による熱と仕事の換算を経て，エネルギーとして統一的にとらえられることになった．一方でニュートン力学の数学的定式化によって明瞭になった力学的エネルギーと，熱と仕事が，ヘルムホルツ (*Helmholtz* 1821-1894) によって統一された (1847) のが，エネルギー保存則，熱力学第 1 法則である．

(13-4) 式のように体積を一定に保って温度を上げる場合，内部エネルギーのみが増す．このとき気体の温度を 1 度上げるのに要するエネルギー（熱量）は**定積比熱**とよばれる．(13-1), (13-2) 式より，1 モルの理想気体がもつ内部エネルギーは

$$U = N_A \cdot \frac{3}{2}kT = \frac{3}{2}RT \tag{13-7}$$

余談：*熱の仕事当量*

熱量をカロリーという単位で表す場合がある．「食物カロリー」などで身近なものである．カロリーは，単位質量の水の温度を 1 ℃ 上げるのに必要な熱エネルギーで定義されている．厳密な定義の 1 つは「純粋な水 1 g の温度を，1 気圧のもとで 14.5 ℃ から 15.5 ℃ まで上昇させる熱量を 1 カロリー（cal_{15}）」とする．これから，熱量：カロリーとエネルギー：ジュールの間の換算が求められ，$1\,cal_{15} = 4.1855\,\text{J}$ である．これを熱の仕事当量という．

実際，ジュールは力学的な仕事と熱量の関係を求める実験をおこない（ジュールの実験），1 カロリーが何 J の仕事に相当するかを求めた．図はジュールの実験装置である．魔法ビンの中に水と羽根車があり，外部のおもりの力で羽根車を回して水を掻きまぜ，水温の変化を測った．おもりの降下量で加えられた仕事がわかる．ジュールはこの実験でおよそ 4.2 J/cal の値を得たといわれる．水に電気抵抗（ヒーター）を浸け電流を流して，消費電力から求める方法はより簡単な実験である．

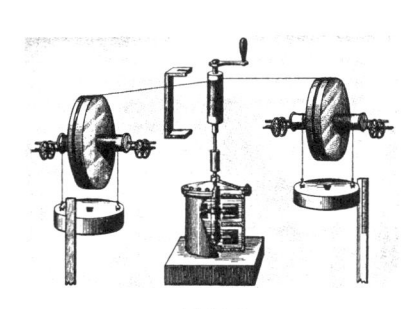

図 13-2

であるから，定積モル比熱 C_v は

$$C_v = \frac{3}{2}R \tag{13-8}$$

である．一方，気体の圧力を一定に保って熱すると，気体は膨張して外部に仕事をする．この場合は (13-6) 式による．(13-2) により $P\Delta V = R\Delta T$ であるから，

$$\Delta Q = \frac{3}{2}R\Delta T + R\Delta T$$

であるから，このときの比熱：定圧モル比熱 C_p は
$$C_p = \frac{3}{2}R + R = \frac{5}{2}R \tag{13-9}$$
多原子分子の場合を含む一般の場合に
$$C_p = C_v + R \tag{13-10}$$
である．定積比熱に比べて定圧比熱の方が必ず大きくなるのは，直感的に理解できよう．両比熱の比は，熱力学でふつう**比熱比** γ と記す．
$$\gamma = C_p/C_v \tag{13-11}$$

（2）断熱変化と等温変化

摩擦のないピストンをもつ箱に1モルの理想気体がある系を考える．今，ピストンと壁はいっさい熱を通さない（断熱壁）とする．外部から熱的に孤立している系の状態変化は**断熱**（*adiabatic*）変化という．このときエネルギー保存則，すなわち熱力学第1法則(13-6)により，
$$\Delta Q = \Delta U + P\Delta V = 0 \tag{13-12}$$
したがって，　　　　　　$\Delta U = -P\Delta V$
すなわち，ピストンの運動による気体の膨張（収縮）は外部への正（負）の仕事であり，気体の内部エネルギーの減少（増加）に相当する．膨張（圧縮）すれば温度が下がる（上がる）．気体の断熱膨張によって温度が下がることを利用したものが冷凍機である．冷蔵庫やクーラーはこの原理を用いている．

ここで，気体の膨張や収縮などの状態変化が起こる場合にも，常に温度や圧力を定義できる前提としては，変化の過程において常に気体全体が熱平衡に保たれていることが必要である．このような変化を準静過程（*quasistatic proc-*

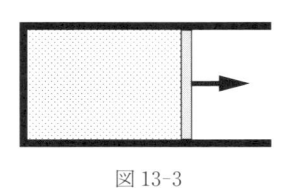

図 13-3

ess）とよぶ．熱平衡が乱されないようにきわめて静かに変化させるわけである．準静的な断熱変化は膨張，収縮のどちらの方向に変えても状態は完全に元に戻ることができ，**可逆**（***reversible***）**過程**であるという．一般にある状態にある系が別の状態に外界とのエネルギーなどのやりとりによって変化しても，最終的に外界に何の変化も残さず，もとの状態に戻るような変化を可逆変化という．準静過程は可逆変化である．

理想気体の断熱変化では(13-7)と(13-2)からの $dU = \frac{3}{2}RdT$，$p = R\frac{T}{V}$ を用いると(13-12)は，

$$\frac{3}{2}RdT + RT\frac{dV}{V} = 0$$

$$\therefore \quad \frac{3}{2}\frac{dT}{T} + \frac{dV}{V} = 0$$

これを積分すると，$\frac{3}{2}\log T + \log V = const.$

すなわち， $\quad\quad\quad\quad\quad TV^{2/3} = const.$

(13-2)を用いると， $\quad\quad\quad pV^{5/3} = const.$

(13-11)を用いて，理想気体の断熱変化においては

$$pV^{\gamma} = const. \tag{13-13}$$

が成り立つ．

次に，箱全体が大きな**熱浴**（*heat bath*）の中にあって，壁を通し熱エネルギーの出入りが十分に可能である場合を考えよう．すなわち気体の温度は常に壁を通して一定に保たれる．このような系の変化は**等温**（***isothermal***）**変化**とよばれる．このとき気体の内部エネルギーは一定（$\Delta U = 0$）であり，第1法則は

$$\Delta Q = P \Delta V \tag{13-14}$$

ピストンによる仕事，すなわち等温膨張（圧縮）は熱浴から（へ）の熱エネルギーの流入（放出）によって保証される．この準静過程はこれまでと同じく可逆過程である．

(13-14)の右辺はピストンが外部に対してする仕事 ΔW である．$pV = RT$ で温度が一定であるので

$$\Delta W = RT \frac{\Delta V}{V}$$

である．体積が V_A から V_B に膨張したとき，このピストンの仕事 W は

$$W = RT \int_{V_A}^{V_B} \frac{dV}{V} = RT \log\left(\frac{V_B}{V_A}\right)$$

この仕事は気体への熱の流入量 ΔQ に相当するから，

$$\Delta Q = W = RT \log\left(\frac{V_B}{V_A}\right) \tag{13-15}$$

すなわち，熱浴から与えられた熱量 Q が仕事としてとりだされた．逆に収縮の場合にはこれらの符号が変わり，仕事が等量の熱に変わり，この間の変化は準静過程であり可逆である．

ただここで，先の断熱変化とこの等温変化の相違に注意しておこう．断熱変化は体積の膨張・収縮の仕事と内部エネルギーのやりとりであり，この系と外界とのやりとりはないが，等温変化では外界との熱のやりとりがある．外界からの熱が仕事に変換され，その結果として体積の変化が生じている．外部と等温を保って膨張した気体がみずから熱を放出して元に戻ることはない．(13-15)を

$$\Delta Q/T = R \log(V_B/V_A) \tag{13-16}$$

と表すと右辺は気体の体積変化を表したものとなっている．これからわかるように，系の温度が違っても，同じ体積変化を生じさせるには，一定の $\Delta Q/T$ が必要である．系の温度が高い（低い）と同じ体積変化をさせるのに大きな（小さい）熱量が必要である．(13-16)で表される熱量の変化と体積変化の関係は，次に述べる不可逆性において重要な意味をもつことになる．

{例題1}

1モルの理想気体について，
- 等温変化によって体積が2倍になったとき，圧力の変化と加えられた熱量はどれだけか．
- 断熱変化によって体積が2倍になったとき，圧力と温度の変化はどれだけか．

(解)

等温変化:

状態方程式 $PV = RT$ が一定であるから，$V \to 2V$ に対して $P \to P/2$．

第1法則 $\Delta Q = \Delta U + P\Delta V$ で，等温であるから $\Delta U = 0$．したがって，

$$\Delta Q = P\Delta V = RT\frac{\Delta V}{V}$$

体積が $V_0 \to 2V_0$ での熱量 Q は

$$Q = RT\int_{V_0}^{2V_0}\frac{dV}{V} = RT\log 2$$

断熱変化：

(13-12) 式から (13-13) 式の過程がそのままで，

$TV^{2/3} = const.$　　より，　$T_1 V_0^{2/3} = T_2(2V_0)^{2/3}$　　　∴　$T_2 = 2^{-2/3}T_1$．

$pV^{5/3} = const.$　　より，　$P_1 V_0^{5/3} = P_2(2V_0)^{5/3}$　　　∴　$P_2 = 2^{-5/3}P_1$．

（3）不可逆過程

さて，前節で理想的に扱った系の準静的な断熱変化や等温変化はそれぞれ可逆過程であった．しかし一般に自然において起こるほとんどの変化は可逆でない．すなわち物事の変化は一方向に進んでいて，自然に元に戻ることはほとんど起こらない．気体の断熱膨張や断熱収縮は可逆変化であったが，このとき壁やピストンが完全な断熱壁になっているのはきわめて理想的であり，またピストンの運動にまったく摩擦がないというのも仮想的である．実際には摩擦等によって系の熱が失われる．したがって，気体の熱量の減少によってなされる仕事と同等のエネルギーを与えるだけで，気体の温度を元に戻すことはできない．失われた熱はそのまま元に戻すことはできないのが自然である．

また，等温変化の場合はどうだろうか，気体を外部の高温熱源によって温めると，ピストンの気体に熱が流入し，その分気体は膨張しピストンは仕事をする．もしこの気体の得た熱を何もせずに元の外界に戻すことができれば，再びその熱を用いてピストンに仕事をさせることができる．これが可能だとすると，外部から仕事を与えずに，すなわちエネルギーの消費なしに（エネルギー保存則に従って）ピストンに繰り返し仕事をさせることができる．このような装置は第2種の永久機関とよばれて，熱力学の歴史において多くの議論があった．このような機関が実現不可能であることは明らかであろう．すなわち，前節で触れたように，熱を受けて仕事をした気体は膨張している．いったん膨張した気体

は自然には熱を元に返して収縮することは起こらない．あるいは逆に，ピストンを押して気体を圧縮した結果，気体の熱が外界に放出された後は，自然にその熱が再び気体に戻ってピストンを動かすことはできない．図13-2にあったジュールの実験で，水の得た熱があるとき攪拌羽根を逆回転させて外のおもりを持ち上げるようなことは絶対に起こらない．

余談：*第1種の永久機関*

　エネルギー消費なしに保存則に従って働く機関を第2種の永久機関とよぶのなら，第1種とよぶものがあるはずで，それはどのようなものであろうか．保存則ではなく，何もせずにエネルギーを生み出してくれる機械があったとしたら，ということで，これもまたさまざまに考案された．これを第1種永久機関という．ここでは，多くの書物に記載されている2つの例を紹介しておこう．

　図aは，木製の回転円板の中心が水槽の壁につけられていて，円板の半分が水中にある．水は漏れずに円板は滑らかに回転できるように工夫されている．水中にある部分には水による浮力 F が働くので，円板は自然に右回転するという．また図bは，ハンマーのついた回転盤である．これも自然に右回転するという．これらがほんとうに実現したら，エネルギーが生産されてまことにありがたいことになる．しかし，そうはうまくいかないと，どう説明できるだろうか．

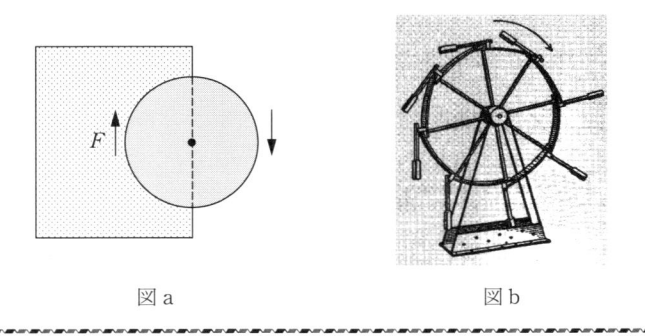

図a　　　　　図b

　熱い湯を冷たい水に加えた後は，やがて水は一定の温度に達して熱平衡となり，二度と熱い部分と冷たい部分に分かれることはない．高温の物体と低温の物体を接触させると，前者から後者へ熱伝導が起こり，十分時間がたてば等温になるが，勝手に再び高温部と低温部に分かれることは起こらない．このよう

に一般に熱現象は元に戻らない．すなわち自然はこのような<u>不可逆性</u>をもっている．

このような自然の不可逆性は**熱力学第2法則**として認識された．不可逆性を表す熱力学第2法則は，その成立過程においてさまざまに定式化された．その代表的なものは

(1) 熱の高温から低温への移動は不可逆である．低温から熱を高温へ移して他に何の変化も生じないようにすることは不可能である．［クラウジウス］（*Clausius* 1822-1888）

(2) 仕事が熱に変わる現象は不可逆である．熱をすべて仕事に変えて他に何の変化を残さず元に戻す過程は不可能である．［トムソン］（*W. Thomson*＝*Kelvin* 1824-1907）

(3) 摩擦により熱が発生する現象は不可逆である．摩擦熱を仕事に戻すことはできない．［プランク］（*Planck* 1858-1947）

たとえば(3)を考察してみよう．ある力学系が仕事において熱量 ΔQ の摩擦熱を発生し，熱浴を暖めたとしよう．その熱を仕事に戻すために，その中で理想気体の系をおき，熱量 ΔQ によって等温膨張の仕事を得たとしよう．この過程でエネルギー保存則は成立している．しかし，この熱と仕事のやりとりの結果として気体の膨張が残った．すなわち，摩擦による熱の発生の不可逆性は，気体の等温膨張の不可逆性に帰着させられたことになる．この膨張は再び(13-16)で与えられ，これが不加逆性の指標になっていることになる．

熱が直接的に関与しない場合にも**不可逆過程**（*irreversible process*）は身近にある．水にインクを一滴垂らすと，時間が経つとインクは水全体に一様に混ざり，元に分離することはない．2つに仕切られた箱にそれぞれ異なる気体が入っていて，仕切りが取り払われると混合が起こり，最終的には2種の気体は完全に混じり，再び自然に2種に分離することは起こらない．

典型的な不可逆過程として気体の断熱自由膨張の例をとりあげよう．今，断熱壁によってできた体積 V_B の箱があり，図 13-4 のように，はじめ理想気体が中間壁で仕切られた体積 V_A に閉じこめられ，中間壁の他方は真空になっているとする．ここで仕切に穴が開いて徐々に気体が体積 V_B まで自由膨張する過

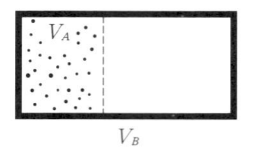

図 13-4

程を考えよう．このとき，外界との熱の出入りはなく，また気体は壁に対して仕事もしていないので，第1法則 (13-6) からすると内部エネルギーも変化がない．すなわち，気体の温度は変化しない．分子運動論的に見れば，単に気体分子の運動する空間が広がっただけで平均の運動エネルギーを変える要素はない．変化したのは分子間の衝突確率で，これが減少し，したがって圧力が $pV = RT$ に従って変化しているだけである．この「理想気体の断熱自由膨張においては温度一定である」ことは，熱力学の成立過程においてゲイ・リュサック，ジュールの実験 (1843) として名高いものである．

　この変化は断熱で等温変化であるが不可逆過程である．いったん広がった気体は自分自身では元に戻ることはない．どのような温度でも，体積が V_A から V_B に広がり，それだけでは元に戻らないという意味では，先の等温膨張と同じであり，再び (13-16) 式によってこの変化の不可逆性が与えられることがわかる．このことは後でもう一度触れよう．

　ここでは理想気体に限って議論してきたが，一般にあらゆる系に対してこのような不可逆性の指標を与えることができる．これがエントロピーとよばれ，$\Delta Q/T$ は系のエントロピーの変化量としてとらえられることになる．このことについては次節でもう少し議論を進める．

　ところで前章からの議論では，気体の圧力や温度という熱力学的な概念を，ニュートンの運動法則，とくにその第3法則を出発点として組み立ててきた．しかし，この議論のなかですでにニュートンの運動法則の枠組みからの逸脱があることに気づくであろう．すなわち，ここでは多数の気体分子が衝突を繰り返す際に，衝突はランダムに起こり，各分子の速度の平均は最終的にはゼロであることを，勝手に用いてきた．このことを熱平衡が実現したと理解してきた（熱平衡の存在は熱力学第0法則とよばれている）．このことを許す1つの根拠は第

XI章の2体衝突の問題で,「衝突散乱角度はエネルギー保存則と運動量保存則を用いても決まらない」ことにあった．いわばここにニュートンの運動法則の"穴"，"出口"があると見ることもできる．しかしそれだけではここでの議論を十分に正当づけることにはならない．ここに至ってはじめて，自然を論じるのに，ニュートン運動法則とは別の新しい自然の側面を事実として認めなければならなくなる．

「ランダムになる」ということは「元に戻らない」ということを意味する．自然を理解するためにはニュートンの運動法則の他にこのような基本的な性格を認めねばならない．これが**熱力学第2法則**と，そこから導入された**エントロピー**の概念である．これによって，自然の時間の流れが一方通行であることが繰り込まれる．ニュートンの運動方程式は時間の反転に対して不変であった．すなわち，任意の時刻において粒子の位置と速度を測定すれば，これによって過去でも未来でもあらゆる時刻における粒子の運動状態が決まる．この意味でニュートン力学は**決定論的**であるといわれる．しかし，無数の粒子がさまざまに相互作用する巨視的な自然界ではこれだけでは説明できず，新しい基本的性質を認めなければならない．

（4）エントロピー

気体の自由膨張や熱の拡散など，熱力学第二法則の考察からエントロピーの概念が生まれてくるのはクラウジウス（1865）からであるが，歴史的には**熱機関**（カルノーの熱機関）の研究（1824）（*Carnot* 1796-1832）から出発している．そしてこれはボルツマン（*Boltzmann* 1844-1906）の展開した統計力学によってきわめて確固とした理論として確立された（1877）．ここではいささか難解な熱力学からよりも，簡単な統計の例を用いてエントロピーを紹介することにしよう．

はじめに，**確率**（*probability*）というものを考えよう．サイコロを投げる．1から6までのどれかの目が出る確率は1/6である．100枚に1枚のあたりクジがあると，あたる確率は1％，これらは数学的に厳密な確率でありアプリオリ（*a' priori*）な確率とよばれる．日常よく使う"明日の雨の確率は40％","イチローがヒットを打つ確率は4割"のようなのは *stochastic* な確率とよばれ，ここで考

えるものではない．

　サイコロを 6 万回ふると，1 の出る回数は 1 万回に限りなく近いであろう．2 も 3 も……また同じである．6 万個のサイコロを一度に投げ出したとき，そのうち 1 が出ている個数がほとんど 1 万個であることと同じである．このことは，無限回おこなったとき厳密に 1 万個になると考えている．ある事象の時間平均と集団平均が同じになり，等確率で起こると考える．これは**エルゴード仮説（*ergodic hypothesis*）**とよばれる．

　さて，1 つのサイコロの各目の出る確率はどれも等しく 1/6 であった．次に確率の大小を考えてみよう．たとえば 4 枚の硬貨をふって，表と裏が出るいろいろな組み合わせの場合，2 枚が表，他の 2 枚が裏という場合がもっとも多くなるだろう．2 個のサイコロをふって，出た目の合計のもっとも小さい数は 2，もっとも大きい数は 12，一番起こりやすい合計数はいくらだろうか（解　7）．もっとも起こりやすい場合とは，組み合わせの数，すなわち事象の数がもっとも多い場合である．そのような場合が起こる確率がもっとも高い．

　≪問題≫この 2 つの例を実際に調べてみよ．

　4 個の分子が体積 V の箱の中にある．箱を半分に分けて考えた場合，それぞれの分子が左右のどちらにいるか，その場合の数は，先の 4 枚の硬貨の場合と同じである．これを拡張するとはじめに述べた断熱自由膨張になる．はじめ，左半分にかたまっていた気体分子はやがて箱全体に広がる．系は到達可能な状態の数（場合の数）がもっとも大きくなる方向に進む．すなわち**熱平衡**に向かって進む．そして，熱平衡が実現されるとその状態ですべての可能な状態（事象）が等確率で起こる．熱平衡をこのように確率と関連づけてとらえることにしよう．

　体積 V_B の中にある N 個の分子を考えよう．この系が熱平衡にあるとき，系の可能な状態の数はどう考えればよいか．今，体積 V_B を V_B 個の単位体積（場所）に区分して考えよう．そうするとまず 1 個の分子を箱の中に置く場合の数は V_B 通りある．2 個目も V_B 通りある．……これらの結果，N 個を V_B 中に置く場合の数は V_B^N 通りある．これを

$$W_B = V_B^N \tag{13-17}$$

としよう．はじめ，箱は仕切られていて，N 個の分子は左の V_A に閉じ込められていたとすると，この場合の分子の分布の場合の数は

$$W_A = V_A^N \tag{13-18}$$

通りある．明らかに，$W_B > W_A$ であり，仕切りをとった後は，分子は箱全体に広がっていく．場合の数の大きい方に向かって進むのである．そして熱平衡に達すると，分子がもとの V_A に戻ることは，確率的にありえない．このような変化を<u>エントロピーが増大</u>したと理解しよう．系の乱雑さが増えたことを，系がとりうる場合の数によって表す．これを定量的に表す量としてボルツマンはエントロピーを

$$S = k \log W \tag{13-19}$$

として定義した．ボルツマン定数 k がここにあるのはこの式で表されるエントロピーの変化量を熱力学的量と関係づけるためである．この点については後で述べる．

分子の数 N がきわめて大きい数であるから，場合の数 (13-17), (13-18) もまた大きい数となるため，エントロピーとしてはその対数をとるのである．それぞれに対応するエントロピーは，

$$\begin{aligned} S_B &= kN \log V_B \\ S_A &= kN \log V_A \end{aligned} \tag{13-20}$$

すなわち

$$S_B - S_A \equiv \Delta S = kN \log(V_B/V_A) \tag{13-21}$$

これが気体の断熱自由膨張におけるエントロピーの変化量である．

この量 (13-21) は，気体の分子数を 1 モルとした場合，前節 (13-16) の右辺と同じになっていることに注意してほしい．前節での気体の等温膨張も，体積膨張によって分子がとりうる空間的な場合の数が変化したという点では，今の議論と同じである．すなわち気体の等温膨張では，外部からの熱の流入 ΔQ によって膨張し，その結果系のエントロピーが増加したわけである．等温変化では気体の内部エネルギーは一定である．加えられた熱によって外部に仕事をする（膨張）とともに，エントロピーが増加しているのである．したがってエントロピー変化と熱量の間に，

$$\Delta S = \frac{\Delta Q}{T} \tag{13-22}$$

の関係が与えられる．このテキストでは取り扱っていないが，(13-22)で表されるエントロピーは，カルノーの熱機関の研究から導かれた熱力学的なエントロピーである．

　もう1つの典型的な場合として，今度は体積が一定の箱に閉じ込めた気体を考えよう．この気体に熱を加えて暖めると，(13-6)の第1法則によって，気体の内部エネルギーが増加する．すなわち温度が上がる．このときエントロピーはどのように考えればよいのだろうか．

　気体が理想気体であるとすると，気体の温度が上がるということは分子の平均速度の増加である．分子の速度は任意ではなく，前章3節(12-29)式で示したマクスウェル分布をもっている．運動エネルギーを ε とし，速度分布を分子数分布で，

$$n(\varepsilon) = A\exp\left(-\frac{\varepsilon}{kT}\right), \quad \left(\varepsilon = \frac{1}{2}mv^2\right) \tag{13-23}$$

と表しておこう．今，このいろいろのエネルギーの分子の分布を，離散的なエネルギー準位で考えよう．図13-5のように異なるエネルギー ε_i の準位(箱)にそれぞれ n_i 個の分子が入るとする．ここで

$$N = \sum_i n_i \tag{13-24}$$

である．N 個の分子がこのように準位に分布する仕方(場合)の数は，確率論から，

$$W = \frac{N!}{n_1! n_2! \cdots n_i! \cdots} \tag{13-25}$$

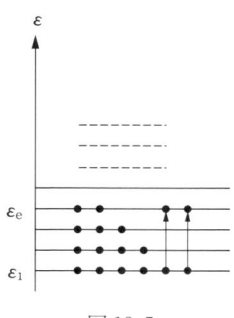

図 13-5

で与えられる．熱 (ΔQ) の吸収により系のエネルギーが増加するが，この変化で Δn 個の分子が ε_1 の状態から ε_e の状態に遷移したとしよう．すなわち，$n_1 \to n_1'$，$n_e \to n_e'$ に変化し，

$$n_1 - n_1' = n_e' - n_e = \Delta n (>0) \tag{13-26}$$

であり，

$$\Delta Q = \Delta n(\varepsilon_e - \varepsilon_1) \tag{13-27}$$

この結果，(13-25) は，

$$W' = \frac{N!}{n_1! n_2! \cdots n_e'! \cdots} \tag{13-28}$$

に替わる．したがって，場合の数の変化の割合は，

$$\frac{W}{W'} = \frac{n_1'! \cdots n_e'! \cdots}{n_1! \cdots n_e! \cdots} = \frac{n_e'(n_e'-1)\cdots(n_e+1)}{n_1(n_1-1)\cdots(n_1'+1)}$$

ここで，変化量はわずかであり，$n_1' \approx n_1$，$n_e \approx n_e'$ として近似すると，

$$\frac{W}{W'} \cong \frac{n_e^{(n_e'-n_e)}}{n_1^{(n_1-n_1')}} = \left(\frac{n_e}{n_1}\right)^{\Delta n}$$

(13-23)，(13-27) を用いると，

$$\frac{W}{W'} \cong \exp\left\{-\frac{(\varepsilon_e - \varepsilon_1)}{kT}\Delta n\right\} = \exp\left(-\frac{\Delta Q}{kT}\right) \tag{13-29}$$

したがって，エントロピーの定義 (13-19) によって，このエネルギー変化によるエントロピーの変化は

$$\Delta S = k(\log W' - \log W) = \frac{\Delta Q}{T} \tag{13-30}$$

となる．再び (13-22) の関係が得られた．

このようにして，(13-22) は熱力学エントロピーを与える一般式を与えている．ボルツマンによるエントロピーの式 (13-19) に用いられる定数（ボルツマン定数）k はこのように統計エントロピーと熱力学エントロピーを結びつける役割を果たしているわけである．

以上の議論によって，状態変化の不可逆性を表す物理量として，エントロピーという量が導入された．エントロピーの変化量 (13-22)，(13-30) 式が，エネルギー変化とともに系の変化を特徴づけるものとなる．このことの理解をさらに深めるために，もう一度 2 節で議論した理想気体の状態変化に対して，エント

ロピーの変化を検討してみよう．

(13-22)式は，エントロピーの変化量を系とやりとりする熱量と結びつけている．これに熱力学第1法則(13-6)式を用いると，

$$\Delta S = \frac{\Delta U + P\Delta V}{T} \tag{13-31}$$

エントロピーの変化量はこれによって2つの量の変化で表されている．

2節で述べた断熱膨張を検討しよう．ここでは断熱自由膨張ではなく，断熱"仕事"膨張であり，これが可逆過程であることを述べた．ピストンを押し出す仕事によって体積は膨張している．このとき体積膨張につれて圧力も変化している．気体を1モルとし，状態方程式(13-2)を用いると，

$$p\Delta V = RT\frac{\Delta V}{V} \tag{13-32}$$

また，理想気体の内部エネルギー(13-7),(13-8)から，

$$\Delta U = \frac{3}{2}R\Delta T \equiv C_v \Delta T \tag{13-33}$$

外部との熱の出入りはないので，膨張の仕事に相当する分だけ，内部エネルギーが減少している．気体の温度が下がっているのである．これらから(13-31)は，

$$\Delta S = R\left(\frac{3}{2}\frac{\Delta T}{T} + \frac{\Delta V}{V}\right) \tag{13-34}$$

ところで，2節で示したように，理想気体の断熱変化においては，

$$TV^{2/3} = const. \quad \text{あるいは，} \quad \frac{3}{2}\log T + \log V = const. \tag{13-35}$$

の関係があった．(13-34)の括弧の中は(13-35)の微分であり，したがってゼロである．すなわち，

$$\Delta S = 0 \tag{13-36}$$

である．体積の膨張によるエントロピーの増大を，温度が下がることによるエントロピーの減少によって打ち消しているということができる．系は孤立していて外部との熱の出入りがないので，エントロピーの変化がないのである．一般に準静的な可逆過程ではエントロピー変化はゼロである．

それでは，おなじ可逆変化でも，等温膨張の場合はどうか．この場合，気体の内部エネルギーの変化はない．したがってエントロピー変化に寄与するのは(13-31)の第2項だけである．等温膨張によって体積がV_AからV_Bに変化した

とするとエントロピーの増大は

$$\Delta S_{AB} = R\int_{V_A}^{V_B}\frac{dV}{V} = R\log\left(\frac{V_B}{V_A}\right) \tag{13-37}$$

であり，これは (13-16) 式と同じであり，(13-16) がエントロピー変化を与えるものであったのである．熱の流入によって気体の体積は膨張しその分エントロピーが増大した．

1モルの理想気体のエントロピーを一般的に表しておこう．(13-31)－(13-34) 式を書き直すと

$$\Delta S = C_v \frac{\Delta T}{T} + R\frac{\Delta V}{V}$$

これを積分すると，

$$S = C_v \log T + R \log V + const. \tag{13-38}$$

また，$PV = RT$ を微分して，$P\Delta V + V\Delta P = R\Delta T$ を (13-31) に用いると，

$$\Delta S = \frac{1}{T}(C_v \Delta T + R\Delta T - V\Delta P)$$

$$= (C_v + R)\frac{\Delta T}{T} - R\frac{\Delta P}{P}$$

と表されるので，これを積分すると，

$$S = C_p \log T - R \log P + const. \tag{13-39}$$

となる．これまでは状態の変化に伴うエントロピーの変化量を問題にしてきたが，このように一般に理想気体のエントロピーを (13-38) あるいは (13-39) で表すことができる．これには任意の積分定数がある．エントロピーが"とりうる場合の数"から (13-19) によって定義されたことを思い出すと，$W = 1$ で $S = 0$ である．とりうる場合の数が唯一，いわば完全な秩序が実現しているときエントロピーがゼロとなる．すなわち，絶対零度でエントロピーがゼロとなるとして，エントロピーの積分定数を理解することになる．これは**熱力学第 3 法則**，あるいは**ネルンストの熱定理** (1906) (*Nernst* 1864-1941) とよばれる．

ところで (13-37) は，先に統計の議論から得られた断熱自由膨張のエントロピー変化 (13-21) と一致している．断熱自由膨張では直接外部からの熱の流入はない．にもかかわらずエントロピーは増大している．体積膨張にのみ関係しているのである．このことからわかるように，エントロピーは始状態と終状態のみに関係していて，途中の変化の過程にはよらない．エントロピーとはその

ような性質で特徴づけられる「状態量」なのである．エントロピーが熱平衡状態における"とりうる場合の数"によって与えられることから理解できるであろう．はじめ体積 V_A の気体が V_B の気体になったという点では等温膨張と断熱自由膨張は同じなのである．

　準静的な等温膨張は可逆変化であることを前に述べた．にもかかわらず，エントロピーが増大しているというのはどういうことか．この変化においては，等温を保証するために系の外部の"熱浴"から熱が供給されている．すなわち，その分だけ外部の熱が失われて（温度が下がって）いる．可逆過程を考える場合，対象とする系の全体を考えなければならない．気体のエントロピーが増大した分だけ，熱浴のエントロピーは減少し，可逆過程が保証されているのである．この簡単な例でわかるように，自然の時間変化をエントロピー変化によってとらえるとき，相互作用するすべての系のどの状態を対象とするかに注意しなければならない．

　ここでは理想気体のみを用いて議論してきたが，エントロピーは自然のすべての対象に対して適用できる状態量であり，これによって自然界におけるエネルギーの状態変化がとらえられる．全系を考えたときエネルギーは常に保存されている．しかし，エネルギーは必ず散逸の方向に向かっている．このことは人類の生存，自然との共生にとってもっとも本質的なことなのである．

演習問題XIII

(1) 図のような，面積が S で質量 M の自由に動くピストンが上部にある断熱性のシリンダーに，1モルの理想気体が入れてある．はじめ気体の温度は T_0 とする．このとき気体の体積はどれだけか．この気体の温度が $2T_0$ になるまで加熱したとき，加えた熱量，および気体がした仕事を求めよ．

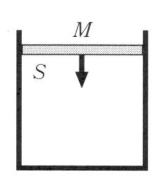

(2) 1モルの理想気体の圧力と温度が，$(P_1, T_1) \rightarrow (P_2, T_2)$ の変化をした．この変化によるエントロピーの変化を求めよ．

(3) 1モルの理想気体が図のような P-V 曲線に沿って状態変化する場合を考える．ここで，B-C は等温変化，B-D は断熱変化であるとする．はじめの圧力 P_1 と各体積 (V_A, V_B, V_C, V_D) が与えられているとして以下のそれぞれを求めよ．

① A-B の変化において，気体のする仕事，内部エネルギーの変化，加えられた熱量，エントロピーの変化．

② B-C の変化において，加えられた熱量，エントロピーの変化．

③ B-D の変化において，内部エネルギーの変化，エントロピーの変化，D 点での圧力と温度．

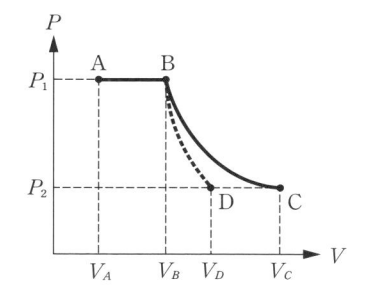

エピローグ

　このテキストで綴ってきた"物語"は，ニュートンの力学法則からはじまり，これがどのように自然の諸現象を説明するか，その方法と具体例に触れてきた．そのなかでエネルギーの概念が導入された．万有引力やクーロン力という自然界の力は，"場"としてとらえられ，その場はエネルギーの実態として存在することも明らかになった．これらは皆ニュートン力学の展開の中にあった．さらに，われわれの日常生活における「温度」や「圧力」という身近な概念もまた，ニュートン力学の力を借りて定式・定量化された．しかしこの最後のところで，実はニュートン力学にはない枠組みを自然に仮定することが含まれた．それは"熱平衡"と"不可逆性"という概念であり，自然の変化を理解するうえでどうしても導入しなければならない新しい側面に出会うこととなった．

　ここで紹介した熱力学とエントロピーは，ごくその入り口に触れたにすぎない．これらによって，巨視的な物質，大気，宇宙のさまざまな変化・動態が解析されることになるが，それらは専門のテキストに譲らなければならない．

　第X章では，粒子の運動の1つの具体例として荷電粒子の運動，すなわち電流に触れた．ここで，日常生活にもっとも馴染み深い電気的エネルギーを力学の視点からとらえることができた．このテキストではここまでに止めたが，電流の議論の展開として次に登場させなければならないのは，実験事実として古くから知られている"電流の磁気作用"である．地磁気をはじめとしてわれわれは磁気，磁場というものの存在を知っている．この実験事実を認めることから出発して，マクスウェルによる電磁気の法則が定式化される．そしてこれが電磁波・光についてのみごとな古典論を完成させることとなる．これは，クーロン力を扱うニュートン力学と磁気現象に関する実験事実を承認する結果として導かれたものである．しかし，磁気現象，磁気的な力とは何なのか，これをニュートン力学の枠組みの中で完全に理解することができるのかという疑問から，次の新しい展開が生まれる．それは，ニュートン力学が当然の前提としてきた"絶対的な空間"とこれと独立な"絶対的な時間"の概念に対する根本的

な修正を要求することになる．これが「特殊相対論」（アインシュタイン）であり，「エントロピー」と並び，ニュートン力学からの本質的な"離別"となるものである．

　ニュートン力学からの"離別"のもう1つのものとして最後に述べなければならないのは「量子論」の誕生である．光という波動，電子という粒子，これらの真の姿は，ニュートン力学の枠組みにある"波"や"粒子"を根本的に変えなければならなかった．ここからは人が日常生活でとらえる"直観"の範囲から離脱しなければならなくなる．"複素量"を中心とした新しい数学の"言葉"によって自然の本質をいっそう全面的にとらえることができることとなる．

　このような物理科学の展開を人類の文化の偉大な営為として理解するため，その入り口の1つとしてこのテキストは企図された．これを踏み台にしてさらに学習がすすめられることを期待している．

　最後に，本テキスト企画の機会を与えていただき，多くの助言をいただいた京都大学学術出版会・鈴木哲也氏，および校正をはじめ継続的なサポートをいただいた桃夭舎・高瀬桃子氏に謝意を表したい．

2006年3月

Appendix

(1) 簡単な関数の微分と積分

1. 微　分

　数学上の厳密な議論はここでは触れないことにして，1次元の任意の関数 $f(x)$ はいつでも連続で微分可能な関数であるとしておこう．このときこの関数の変数 x に関する微分は

$$\frac{df}{dx} = \lim_{\Delta x \to 0} \frac{f(x+\Delta x) - f(x)}{\Delta x} \equiv \lim_{\Delta x \to 0} \frac{\Delta f(x)}{\Delta x} \tag{A-1}$$

で定義される．図からわかるように $\Delta x \to 0$ の極限では (A-1) は x における関数 $f(x)$ の接線の勾配であることがわかる．この極限での $f(x)$ の変分 $df = f(x+dx) - f(x)$ は

$$df = \left(\frac{df}{dx}\right)dx \tag{A-2}$$

である．

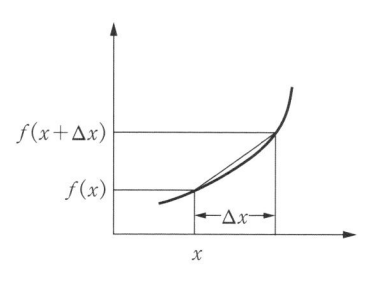

図 A-1

　さて，関数の 1 階微分を ′ で表し，h，k を定数とすると一般に多項式の微分

$$\begin{aligned}
\{kf(x)\}' &= kf'(x) \\
\{f(x)+g(x)\}' &= f'(x)+g'(x) \\
\{hf(x)+kg(x)\}' &= hf'(x)+kg'(x)
\end{aligned} \tag{A-3}$$

や，n を自然数として

$$(x^n)' = nx^{n-1} \tag{A-4}$$

は既知としていこう．ここで関数の逆数の微分が

$$\left\{\frac{1}{g(x)}\right\}' = -\frac{g'(x)}{\{g(x)\}^2} \tag{A-5}$$

で与えられることは，(A-1)を直接適用すればただちにわかり，その結果，(A-4)で$n<0$の場合を含むことがわかる．

次の関数を1階微分せよ．
$$y=x^4+5x^2-3x+1, \qquad y=\frac{1}{x^3}$$

2つの関数の積の微分は
$$\{f(x)g(x)\}'=f'(x)g(x)+f(x)g'(x) \tag{A-6}$$
(この場合の (A-1) の分子を
$$f(x+\Delta x)g(x+\Delta x)-f(x)g(x+\Delta x)+f(x)g(x+\Delta x)-f(x)g(x)$$
と表せば (A-6) が得られることがわかる．)

この (A-6) と (A-5) を結びつけると関数の商の微分
$$\left\{\frac{f(x)}{g(x)}\right\}'=\frac{f'(x)g(x)-f(x)g'(x)}{\{g(x)\}^2} \tag{A-7}$$
が得られる．

次の関数を1階微分せよ．
$$y=x^2(3x+2), \qquad y=\frac{x^2}{x-1}$$

次に合成された関数の微分を示そう．今，y は変数 u の関数で，その u は変数 x の関数である．$y=f(u)$, $u=g(x)$

このとき，$y'=dy/dx$ を求める．(A-1) に従えば $\Delta y/\Delta x$ の極限を求めるのであるが，$\dfrac{\Delta y}{\Delta x}=\dfrac{\Delta y}{\Delta u}\cdot\dfrac{\Delta u}{\Delta x}$ と表せ，これは $\dfrac{\Delta f}{\Delta u}\cdot\dfrac{\Delta g}{\Delta x}$ である．

$\Delta x\to 0$ の極限を考えると，$\Delta u=\Delta g(x)$ も無限小になる（図 A-2）．すなわち
$$y'=\frac{dy}{dx}=\left(\lim_{\Delta u\to 0}\frac{\Delta f}{\Delta u}\right)\cdot\left(\lim_{\Delta x\to 0}\frac{\Delta g}{\Delta x}\right)=\frac{df}{du}\cdot\frac{dg}{dx} \tag{A-8}$$
として，各関数の微分の積となる．

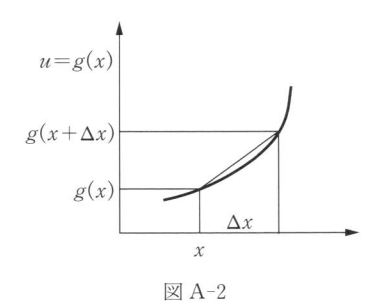

図 A-2

次の関数を一階微分せよ．
$$y=(x^2-3x)^4, \quad y=\frac{1}{(2x+1)^3}, \quad y=r^{3/2} \ (r=\sqrt{x^2+z^2})$$

2．積　分

ある関数を微分すると $f(x)$ になるような関数を $f(x)$ の不定積分という．
$$\int f(x)dx = F(x)+C \tag{A-9}$$
微分して $f(x)$ になればよいから，積分の結果には任意の定数：積分定数 C がある．もちろん $F'=\dfrac{dF}{dx}=f(x)$ である．これからただちに
$$\int kf(x)dx = k\int f(x)dx$$
$$\int (f(x)\pm g(x))dx = \int f(x)dx \pm \int g(x)dx \tag{A-10}$$
であり，また，微分で得られる関数であるから，(A-4) によって
$$\int x^p dx = \frac{1}{p+1}x^{p+1}+C \quad (p\neq -1) \tag{A-11}$$
が得られる．

次の関数を積分せよ．
$$\int (1/x^3)dx, \quad \int \sqrt{x}\,dx$$

やや複雑な関数の不定積分は微分ほどに簡単でなく，個々に検討しなければならないが，ここではこのテキストで使うごく一部を紹介しておく．

（例）$\int (2x+1)^3 dx, \quad \int (3x-2)^{-2} dx$

このような<u>合成関数の積分</u>を考えよう．前者の場合，

$2x+1=Y$ とおくと，x の微小変化 Δx に対して $2\Delta x = \Delta Y$ であることはすぐわかる．したがってこの変数変換によって $dx=\dfrac{1}{2}dY$ とおくことができるので，
$$\int (2x+1)^3 dx = \frac{1}{2}\int Y^3 dY = \frac{1}{2}\cdot\frac{1}{4}Y^4 = \frac{1}{8}(2x+1)^4$$
と求められる．次の例も同様の方法で実行できる．

積分のもう1つの重要な意味として**求積**がある．今，ある関数 $f(x)$ について，図A-3のように $x=a$ から b まで微小な幅 Δx をとり，$f(x)$ と Δx の積の和をとる．すなわ

ち，
$$S = \sum_a^b f(x)\Delta x$$
ここで $\Delta x \to 0$ の極限をとったものを $f(x)$ の定積分といい，次のように表す．
$$S = \lim_{\Delta x \to 0} \sum_a^b f(x)\Delta x = \int_a^b f(x)dx \tag{A-12}$$
これは図では $f(x)$ によるこの領域の面積に相当している．$f(x)$ の積分関数を $F(x)$ と表すと，$f(x) = \lim_{\Delta x \to 0} \dfrac{\Delta F}{\Delta x}$ であるから，
$$S = \lim_{\Delta x \to 0} \sum_a^b f(x)\Delta x = \lim_{\Delta x \to 0} \sum_a^b \dfrac{\Delta F}{\Delta x}\Delta x = \sum_a^b \Delta F$$
すなわち，これは $x = a$ から b までの間の積分関数 $F(x)$ の変化分の和である．したがって，(A-12) は
$$S = \lim_{\Delta x \to 0} \sum_a^b f(x)\Delta x = \int_a^b f(x)dx = F(b) - F(a) \tag{A-13}$$
となる．$f(x)$ の定積分はその変数領域の両端での積分関数の差を意味し，これが図の面積に相当することがわかる．面積というと図のようなイメージをもつが，一般に面積に限らず，求積は (A-12) が意味するものであり「変化する量の総量を求める」ものとしてとらえなければならない．

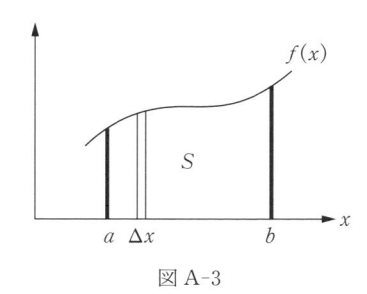

図 A-3

(例)　円周率 π のみを知っているとし，半径 a の円の面積を求めよ．
　　この円内に半径 r ($r < a$) の同心円を考え，これがきわめて微小な幅 Δr をもつときこの円輪の面積は $2\pi r \Delta r$ である．円全体の面積は，円輪の面積の総和であるから，
$$S = \lim_{\Delta r \to 0} \sum_0^a 2\pi r \Delta r = \int_0^a 2\pi r dr = 2\pi \int_0^a r dr = \pi a^2$$
同様にして，半径 a の球の表面積と体積を求めてみよ．

（2）三角関数の微分，積分

1．ラディアン

まずはじめに，角度を定義しよう．常用的には［度：°］を用いるのが一般的であるが，ここではより本来的な角度の表示：ラディアンを用いる．ラディアンは角度を円の円弧の長さと半径の比で表す．図 A-4 のように半径 r の円の円弧の長さを l とすると，この円周を望む角度 θ (radian) は

$$\theta = \frac{l}{r} \tag{A-14}$$

いいかえれば，radian は，半径 1 の円の円弧の長さでその角度を表すのである．この角度は長さの比で定義するものであるから無次元の数である．すぐにわかるように，角度 $180°$ は π radian，$90°$ は $\pi/2$ radian である．

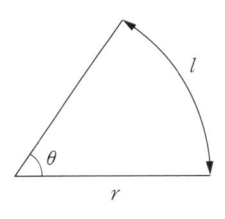

図 A-4

2．三角関数の微分，積分

微分の前に加減についての次の関係は既知としておく．

$\sin(a+b) = \sin a \cos b + \cos a \sin b$ $\sin(a-b) = \sin a \cos b - \cos a \sin b$
$\cos(a+b) = \cos a \cos b - \sin a \sin b$ $\cos(a-b) = \cos a \cos b + \sin a \sin b$
$\sin A + \sin B = 2 \sin \dfrac{A+B}{2} \cos \dfrac{A-B}{2}$ $\sin A - \sin B = 2 \cos \dfrac{A+B}{2} \sin \dfrac{A-B}{2}$
$\cos A + \cos B = 2 \cos \dfrac{A+B}{2} \cos \dfrac{A-B}{2}$ $\cos A - \cos B = -2 \sin \dfrac{A+B}{2} \sin \dfrac{A-B}{2}$
$$\tag{A-15}$$

さて，$y = \sin x$ の微分を示そう．定義(A-1)を適用し，これに(A-15)を用いると，

$$\begin{aligned}\frac{dy}{dx} &= \lim_{\Delta x \to 0} \frac{\sin(x+\Delta x) - \sin x}{\Delta x} = \lim_{\Delta x \to 0} \frac{1}{\Delta x}\left(2\cos\frac{2x+\Delta x}{2}\sin\frac{\Delta x}{2}\right) \\ &= \lim_{\Delta x \to 0}\left(\cos\frac{2x+\Delta x}{2}\frac{\sin \Delta x/2}{\Delta x/2}\right)\end{aligned} \tag{A-16}$$

ここで小さい角 θ での $\sin \theta$ の値を調べてみる．図 A-5 から $\sin \theta = h/r$，一方，弧の

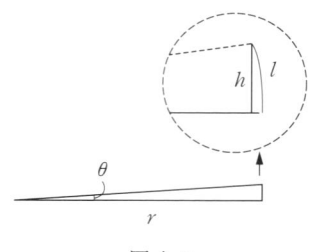

図 A-5

長さは(A-14)から，$l = r\theta$ であるが，角が十分小さいとき，h は限りなく l に近い．すなわち，

$$\sin\theta \cong r\theta/r = \theta, \quad \text{あるいは} \quad \frac{\sin\theta}{\theta} \cong 1 \tag{A-17}$$

これを(A-16)に適用すると，

$$(\sin x)' = \cos x \tag{A-18}$$

$y = \sin x$ の曲線の各 x での傾きをとると $\cos x$ の曲線になることは，図を描いてみるとわかる．角(radian)がゼロのとき，$y = \sin x$ の傾きは1になっている．

同様の方法で

$$(\cos x)' = -\sin x \tag{A-19}$$

また，これらをもとに，(A-7)を使えば

$$(\tan x)' = \frac{1}{\cos^2 x} \tag{A-20}$$

も得られる．合成関数の微分(A-8)によれば，

$$(\sin ax)' = a\cos ax \tag{A-21}$$

となる．

微分が明らかになったので，

$$\int \sin x \, dx = -\cos x + C \tag{A-22}$$

$$\int \cos x \, dx = \sin x + C \tag{A-23}$$

次の関数を微分せよ． $y = \cos 3x, \quad y = \sin^2 x$

積分を求めよ． $\int \sin 2x \, dx \quad \int \cos 3x \, dx$

---

(3) 物体の斜面落下に関するガリレオの展開

第Ⅲ章の"余談"で，ガリレオの『新科学対話』における斜面落体の問題を，証明

問題としてまとめておいた．ここではその3つの問題のガリレオによる証明を示しておこう．

1．斜面上の自由落下の距離は時間の自乗に比例する．
（証明）
① 前提として，まっすぐで摩擦のない斜面を落下する場合も，鉛直の自由落下の場合も，運動は等加速度運動であることを認める．
② 等加速度運動で距離 l を進む時間は，その間を平均速度で進む時間と等しい．これは図 A-6 を用いて説明する．縦に時間，横に速度を表す．等加速度運動で時間とともに速度は一定の割合（a）で増加する．時刻 t_1 から t_2 までの間に進む距離はこの三角形の面積であり，これは平均速度 $v/2$ で等しい時間等速度運動で進む距離に等しい．
③ 静止から出発して，時刻 t_1 に到達する距離 l_1 はその間の平均速度 $v_1/2$ により，$\frac{v_1}{2}t_1$，また時刻 t_2 に達する距離 l_2 は同様に $\frac{v_2}{2}t_2$，しかるに v_1 と v_2 の比は時間 t_1，t_2 の比に等しいから，距離 l_1 と l_2 の比は時間 t_1，t_2 のそれぞれ自乗に比例する．（証明終わり）

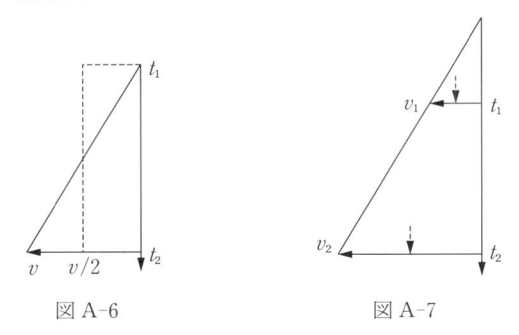

図 A-6　　　　　　図 A-7

2．一定の高さの点から同一の物体を，鉛直および種々の傾きの斜面上に沿って，同時に落下させたとき，同一の時間に到達する点は，図 3-4 のように，鉛直線の高さを直径とする円周上をなす．
（証明）
① まずはじめに，斜面に沿う場合と鉛直落下の場合の落下速度を比べる．ここでガリレオは落下の"動力"あるいは"運動量 (impeto)"という概念を用いる．斜面に沿う"動力"と鉛直のそれとは，同じ高さの距離 AB と AC に逆比例する．これは図 A-8 のように斜面上の物体を糸で引っ張り鉛直方向につりあわせる重さを調べることから導いている．これはつまり斜面方向への重力加速

度が傾き $\sin\theta$ で小さくなることを述べているわけである．これより，同じ時間の落下で得る速度は"運動量 (impeto)"により同じく斜面の長さに逆比例すると結論する．これは加速度が $\sin\theta$ で小さくなることからすれば明らかである．（ガリレオにおいては，加速度という言葉は用いられているが，重力加速度 g という量的なとらえ方はまだない．そのため，力（"動力"）とその結果として同じ時間に得る速度（運動量）が繋がった概念でとらえられている．）

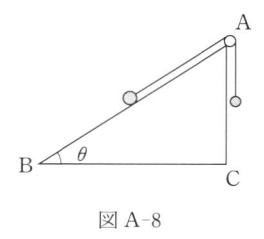

図 A-8

② 図 A-9 で示すように，点 A から出発して鉛直に高さ h を落下し点 C に到達したときの速度を v_C とする．この同じ時間に斜面方向には距離 l だけ落下し点 D に達したとし，そのときの速度を v_D とする．①により，$v_C : v_D = AB : AC$ である．一方，進む距離はそれぞれの平均速度で等速運動した場合の距離と同じであるから，$h : l = v_C : v_D$ である．したがって，$h : l = AB : AC$ すなわち点 D は $AC : AD = AB : AC$ で与えられる点である．これは三角形 ABC と ACD の相似を意味し，点 D は斜面 AB 上に点 C から降ろした垂線の足である．これにより同じ高さの点 A から種々の傾きをもつ斜面にそって同時に落下する物体が同一時間に達する位置はすべて，鉛直下の点 C から各斜面に降した垂線の足の点になる（図 A-10）．これらの点は AC を直径とする円周上にあることは幾何学的にすぐわかる． (証明終わり)

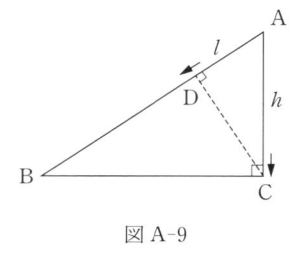

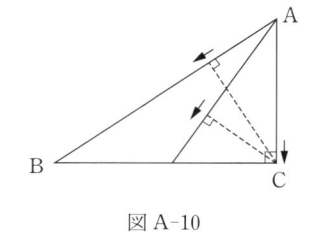

図 A-9　　図 A-10

3．一定の高さの点から，種々の傾きの斜面に沿って物体を落下させたとき，最下点での物体の速度は斜面の傾きによらず同じである．

（証明）

① はじめに，距離 AD と AB の比例中項の位置を X とする（図 A-11）．これは，
$$AD/AX = AX/AB \tag{A-24}$$
を意味する．A における静止から出発して，点 D までの落下時間 t_D と点 B までの落下時間 t_B の比は問題 1 により，$t_D : t_B = \sqrt{AD} : \sqrt{AB}$ である．(A-24) から，
$$AD/AB = AX^2/AB^2$$
であるから，$t_D : t_B = AX : AB$ である．一方，$AD/AC = AC/AB$ であるから，$AX = AC$ であり，結局，
$$t_D/t_B = AC/AB \tag{A-25}$$

② 落下は等加速度運動であるから，点 D での速度 v_D と点 B での速度 v_B には，
$$v_B : v_D = t_B : t_D$$
の関係がある．したがって (A-25) により，$v_B = v_D \dfrac{AB}{AC}$ である．

一方，問題 2 により，$v_C : v_D = AB : AC$ であったから，結局，
$$v_B = v_D \frac{AB}{AC} = v_C \frac{AC}{AB} \frac{AB}{AC} = v_C$$

（証明終わり）

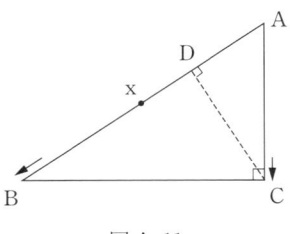

図 A-11

（4）振子の周期

1．単振子の周期と振幅の関係

第Ⅲ章 3 節で，単振子の振幅が小さい場合の周期は (3-24) 式で与えられた．振幅が大きくなる場合の周期については，"余談"で触れたが，ここではもう少し厳密に示しておくことにしよう．それは運動方程式 (3-20) を時間積分した関係 (3-26) 式

$$v^2 = v_0^2 - 2gl(1-\cos\theta_0) \tag{3-26}$$

から出発する．今，鉛直からの最大の振れの角が θ_0 の場合を考えると，(3-26) から，

$$v_0^2 = 2gl(1-\cos\theta_0)$$

であるから，

$$v^2 = 2gl(\cos\theta - \cos\theta_0)$$

v は，振れの角が θ のときの振子の速度である．

ここで，$v = l\omega = l\left(\dfrac{d\theta}{dt}\right)$ を用いると，

$$\left(\frac{d\theta}{dt}\right)^2 = \frac{2g}{l}(\cos\theta - \cos\theta_0), \qquad \therefore \quad \frac{d\theta}{dt} = \sqrt{\frac{2g}{l}(\cos\theta - \cos\theta_0)} \tag{A-26}$$

角度が 0 から θ_0 までの間の時間は振子の周期 T の 1/4 であるから，(A-26) の逆数を積分して，

$$T = 4\sqrt{\frac{l}{2g}}\int_0^{\theta_0} \frac{d\theta}{\sqrt{(\cos\theta - \cos\theta_0)}} \tag{A-27}$$

で与えられる．この積分は楕円積分とよばれ，代数的には実行できないもので，数値計算か，級数展開により求めなければならない．後者からは，

$$T = 2\pi\sqrt{\frac{l}{g}}\left(1 + \frac{1}{16}\theta_0^2 + \cdots\right) \tag{A-28}$$

の結果が得られる．微小振幅の場合の周期 (3-24) に比べて括弧の因子分大きくなる．振幅がもっとも大きく 90 度の場合を上式で見ると 1.15 倍になる．厳密な数値計算によれば 1.18 倍になる．

2．サイクロイド振子

　第III章の"余談"で，振幅の大小によらず完全に等時性のある振子は，ホイヘンスの発見した「サイクロイド振子」であることを述べた．ここではこの振子の原理を紹介しておこう．

　x, y 面内で原点に半径 a の円がある（図A-12）．円周上の最下点を M とする．この

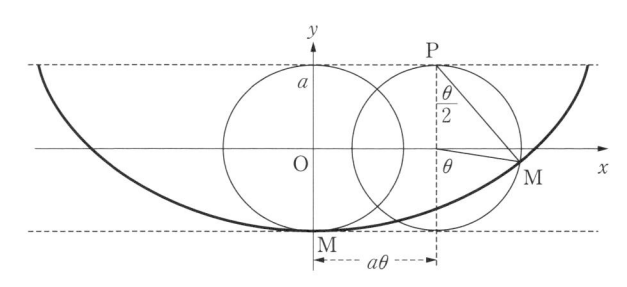

図 A-12　サイクロイド曲線

円が水平に直線 $y=a$ に沿って回転移動するとき，点 M が描く軌跡は**サイクロイド曲線**とよばれる．円の原点からの回転角を θ とすると，点 M の位置は

$$x = a(\theta + \sin\theta)$$
$$y = -a\cos\theta \tag{A-29}$$

で与えられる．出発点の M から測った曲線の距離を l とすると，その変化分は

$$dl = \sqrt{(dx)^2 + (dy)^2}$$

これに (A-29) を用いると，

$$dl = a\sqrt{2(1+\cos\theta)}\,d\theta = 2a\cos\frac{\theta}{2}\,d\theta$$

と表される．したがって距離 l は

$$l = 2a\int_0^\theta \cos\frac{\theta}{2}\,d\theta = 4a\sin\frac{\theta}{2} \tag{A-30}$$

さて，このようなサイクロイド曲線の形状の斜面が鉛直に立てられているとして，この滑らかな斜面上を質量 m の質点が重力のみによって運動する場合を考える．角 θ の位置 M に今質点があるとき，この質点が斜面から受ける垂直抗力は曲率中心を向き，したがって円のそのときの回転中心 P に向く．したがってこのときの質点の運動方程式の接線方向の式は

$$m\ddot{l} = -mg\sin\frac{\theta}{2} \tag{A-31}$$

と表される．これに (A-30) を用いると，

$$\ddot{l} = -\frac{g}{4a}l \tag{A-32}$$

となり，これは単振動を表すものである．すなわちこの質点は角振動数（周期）

$$\omega = \sqrt{\frac{g}{4a}} \quad \left(T = 4\pi\sqrt{\frac{a}{g}}\right) \tag{A-33}$$

の単振動をする．この周期は振幅によらず完全に一定であり，そのような曲線に沿った運動をする振子は**サイクロイド振子**とよばれる．

図 A-13 のように 2 つのサイクロイド曲線の中央から長さ $4a$ の糸で吊り下げた振

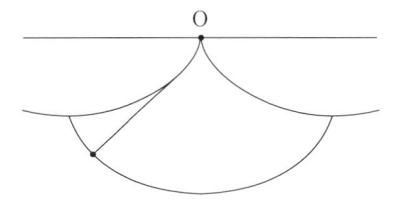

図 A-13　サイクロイド振子

子を振動させると，その軌跡もまたサイクロイド曲線を描く（証明略）．すなわちこのような振子も，周期が振幅によらず常に一定のサイクロイド振子である．

（5）惑星の軌道半径と公転周期

コペルニクスが太陽系惑星の軌道半径と公転周期をどのようにして求めたか，その筋書きを簡単に紹介しておこう．軌道はすべて完全な円軌道であると仮定されている．ほんとうは楕円軌道であり，等速円運動を仮定した結果では観測データと合わない．それでもこの解析でそこそこの結果が得られている．

内惑星（水星，金星）の場合の軌道半径

地球から内惑星（たとえば金星：V）の位置を観測すると，常に金星は地球（E）と太陽（S）を結ぶ直線からある角度範囲内にある．もっとも大きくなるときの角度を θ_m とする．コペルニクスの宇宙体系，すなわち太陽を中心にした円軌道を考えると，図 A-14 のように内惑星と地球の軌道から，θ_m がわかる．観測は地球上からおこなっているから，これを地球を中心にして書くと図 A-15 のようになる．地球の周りを太陽が回り，その太陽の周りを惑星が回転する．これは，コペルニクスの地動説までの時代を制覇していたプトレマイオスの宇宙体系，すなわち天動説に他ならない．プトレマイオスの体系で各惑星の軌道を説明するためには，太陽の周りにそれぞれの周転円を導入しなければならない複雑なものであった．さて，図によって，

$$\frac{r}{r_E} = \sin\theta_m \quad (r_E > r) \tag{A-34}$$

ここで r_E は地球の平均の軌道半径で，ふつう天文単位（AU：*astronomic unit*）とよばれる．

$$r_E : 1\mathrm{AU} = 1.496 \times 10^{11} \mathrm{m}$$

観測から得られている水星（M），金星（V）の θ_m から，それぞれの軌道半径は

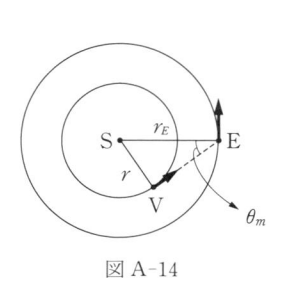

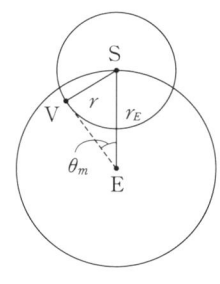

図 A-14　　　　　　　　図 A-15

Mercury：$r \cong r_E \sin 22.5° \approx 0.38$ AU

Venus：$r \cong r_E \sin 46° \approx 0.72$ AU

外惑星の場合の軌道半径

図 A-16 は火星 (M) を地球から観測した場合の位置の変化を表している．火星を地球から見たときの軌道は内惑星のように最大角 θ_m の範囲内に閉じず，360°に及ぶが，その軌道を図 A-17 で考えると図 A-16 のような回帰運動がわかり，これを地球を中心に描くと図 A-18 のようになる．周転円の半径は地球の軌道半径になる．回帰点の角度が θ_m であり，これから

$$\frac{r_E}{r} = \sin \theta_m \quad (r_E < r) \tag{A-35}$$

となり，軌道半径が求まる．

火星 (M)，木星 (J) のそれぞれについて求めると，

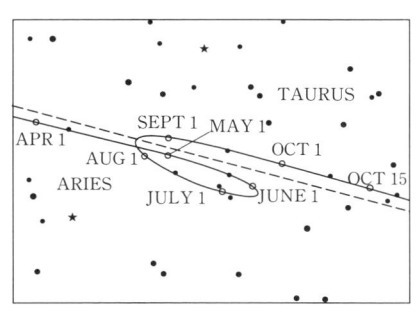

図 A-16 （参考 1）

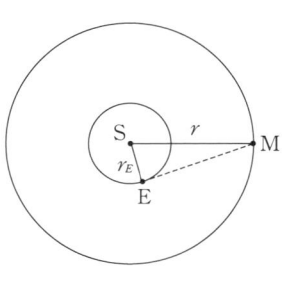

図 A-17

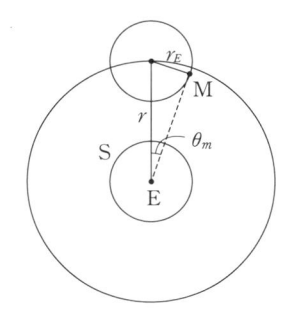

図 A-18

$$\text{Mars}: r = \frac{r_E}{\sin 41°} \approx 1.5 \text{ AU}$$

$$\text{Jupiter}: r = \frac{r_E}{\sin 11°} \approx 5.2 \text{ AU}$$

惑星の周期

先に外惑星の場合からはじめよう．図 A-19 のように，S, E, J が一直線上の状態から，再び一直線上になるまでの時間は，木星 (J) の場合 399 日である．この見かけの周期 (朔望周期) τ の間に E が $2\pi + \theta$ だけ回り，J は角 θ だけ移動している．E, J それぞれの 1 秒間の回転数を n_E, n_J とすると，朔望周期 τ 秒では，

$$n_E \tau = n_J \tau + 1 \tag{A-36}$$

の関係が成り立つ．E, J の公転周期を T_E, T_J とすると，$n_E = 1/T_E$, $n_J = 1/T_J$ であるから，

$$\frac{\tau}{T_E} = \frac{\tau}{T_J} + 1$$

これより，
$$T_J = \frac{T_E \tau}{\tau - T_E} \tag{A-37}$$

$T_E = 365$ 日，$\tau = 399$ 日より $T_J = 11.8$ 年．

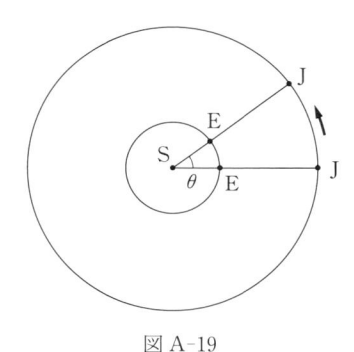

図 A-19

内惑星の場合，S, V, E を一直線に観測するのは困難である．V が明けの明星の位置 (図 A-20) をとると，朔望周期 τ が 585 日で同じ角度となり，この間に V は E より一回多く回転している．すなわち，

$$n_V \tau = n_E \tau + 1 \tag{A-38}$$

これから，先と同じように，

$$T_V = \frac{T_E \tau}{\tau + T_E} \tag{A-39}$$

図 A-20

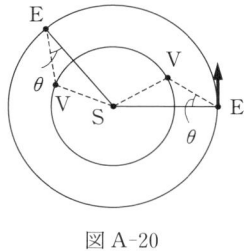

となり，$T_V = 224$ 日となる．

（参考）桜井邦朋『物理学の考え方』朝倉書店．

問題解答

第Ⅰ章

問1. $\mu = \tan 30° = 1/\sqrt{3}$

問2. $x(t_2) = x_1 + \frac{1}{2}c(t_2^2 - t_1^2)$, $\bar{x} = \frac{1}{2}c(t_2 + t_1)$

演習問題Ⅰ

(1) $\cos\theta = \sqrt{3}/2$

(3) $F = W\tan\theta$, $N = \dfrac{W}{\cos\theta}$

(4) 加速度 a の場合, $v(t_2) = v_1 + a(t_2 - t_1)$　　$x_2 = x_1 + v_1(t_2 - t_1) + \frac{1}{2}a(t_2 - t_1)^2$

　　加速度 at の場合, $v(t_2) = v_1 + \frac{1}{2}a(t_2^2 - t_1^2)$

$$x_2 = x_1 + \left(v_1 - \frac{1}{2}at_1^2\right)(t_2 - t_1) + \frac{1}{6}a(t_2^3 - t_1^3)$$

(5) 平均の速度と加速度　$\bar{v} = 4$ m/s, $\bar{a} = 0$ m/s^2

(6) $v_x(t) = at$, $v_y(t) = \dfrac{1}{\omega}\sin\omega t$

$$x(t) = \int_0^t v_x(t')dt' = \frac{1}{2}at^2, \quad y(t) = \int_0^t v_y(t')dt' = -\frac{1}{\omega^2}(\cos\omega t - 1)$$

第Ⅱ章

演習問題Ⅱ

(1) 到達点の高さ：$\dfrac{v_0^2}{2g}$, 落下までの時間：$t = \dfrac{2v_0}{g}$.

(2) $v_0 = 4g = 39.2$ m/s, 高さ：$\dfrac{(4g)^2}{2g} = 8g = 78.4$ m.

(3) 出会うまでの時間：h/v_0, 出会う高さ：$h - \dfrac{gh^2}{2v_0^2}$.

　　落ちるまでに出会う条件：$v_0 > \sqrt{\dfrac{gh}{2}}$.

(4) A：$\tan\theta = 0.653$, $v_0 \approx 129$ km/h

　　B：$\tan\theta = 1.02$, $v_0 \approx 123$ km/h

*(5) 投げた石の軌跡は (2-16) 式で与えられる．z が最大になるのはこの式から，

$x = \dfrac{v_0^2 \sin 2\theta}{2g}$ であり，ここで，$x = L$ とすると，$\sin 2\theta = \dfrac{2gL}{v_0^2}$ で決まる角 θ で投げ出したとき，最も高い位置になる．この角度を θ_0 とすると，その高さは再び (2-16) から，$z_{\max} = \dfrac{v_0^2}{2g} \sin^2 \theta_0$.

*(6) 運動方程式 (2-18) に，$v(t) = A\exp(-\gamma t) + B$ をおくと，$\gamma = k$，$B = -\dfrac{g}{k}$ であるから，一般解は，

$$v(t) = A\exp(-kt) - \dfrac{g}{k} \tag{1}$$

初期条件，$t=0$ で $v=v_0$ から，(1) より，$A = v_0 + \dfrac{g}{k}$ である．

$$\therefore \quad v(t) = \left(v_0 + \dfrac{g}{k}\right)e^{-kt} - \dfrac{g}{k} \tag{2}$$

最高点で $v=0$ であるから，(2) からそのときの時刻 t_m は $\left(v_0 + \dfrac{g}{k}\right)e^{-kt_m} = \dfrac{g}{k}$ から，$t_m = \dfrac{1}{k}\ln\left(\dfrac{kv_0}{g} + 1\right)$

この t_m を用いて，最高到達点の高さ Z は

$$Z = \int_0^{t_m} v(t)\,dt = \left(v_0 + \dfrac{g}{k}\right)\int_0^{t_m} e^{-kt}\,dt - \dfrac{g}{k}t_m$$
$$= \dfrac{1}{k}\left(v_0 + \dfrac{g}{k}\right)(1 - e^{-kt_m}) - \dfrac{g}{k}t_m$$

第III章

問1． A，B の加速度 $\ddot{x}$，$\ddot{z}$ はともに $\ddot{x} = \ddot{z} = \dfrac{M}{m+M}g$

それぞれ静止からスタートして，速度は $\dfrac{M}{m+M}gt$，位置は $\dfrac{1}{2}\dfrac{M}{m+M}gt^2$．

演習問題III

(1) 到達する時間：$\dfrac{1}{\sin\theta}\sqrt{\dfrac{2h}{g}}$

到達時の速度は鉛直自然落下の場合と同じで $\sqrt{2gh}$

(2) $\dfrac{v_0^2}{2g}$

(3) $m\ddot{x} = T$，$M\ddot{X} = Mg\sin\theta - T$

加速度：$\ddot{x} = \ddot{X} = \dfrac{Mg}{M+m}\sin\theta$，糸の張力：$T = m\ddot{x} = \dfrac{Mmg}{M+m}\sin\theta$

(4) $\dfrac{M-m}{M+m}gt^2$

(5) (3-7), (3-12), (3-14) より $T=2\pi\sqrt{\dfrac{y_0}{g}}$　0.634 秒．

(6) 時刻 t における位置：$z(t)=\dfrac{mg}{k}(1-\cos\omega t)$，最下点の位置：$2\dfrac{mg}{k}$．

(7) ① $a=b$ の場合，
$$x(t)=\dfrac{v_1}{a}\sin at,\quad y(t)=\dfrac{v_2}{a}\sin at,\quad 軌跡：y=\dfrac{v_2}{v_1}x$$
② $b=2a$ の場合，
$$x(t)=\dfrac{v_1}{a}\sin at,\quad y(t)=\dfrac{v_2}{2a}\sin 2at,\quad 軌跡：y^2=\dfrac{v_2{}^2}{v_1{}^2}x^2\left(1-\dfrac{a^2x^2}{v_1{}^2}\right)$$

(8) $l=0.992$m

第 Ⅳ 章

問 2．真上向きに力の大きさは $\dfrac{\sqrt{3}}{4\pi\varepsilon_0}\dfrac{Q^2}{a^2}$，

　　　$-Q$ の位置は，C 点の真下に距離 x の位置で，$x^2=a^2/\sqrt{3}$．

演習問題Ⅳ

(1) (4-7) 式を用いて，$r=\sqrt[3]{75.4}\times 10^7$m

(2) $v=\sqrt{\dfrac{GM}{R}}$

(3) $f_1=-\dfrac{q_1}{4\pi\varepsilon_0}\left(\dfrac{q_2}{a^2}+\dfrac{q_3}{(2a)^2}\right),\ f_2=\dfrac{q_2}{4\pi\varepsilon_0}\left(\dfrac{q_1}{a^2}-\dfrac{q_3}{a^2}\right),\ f_3=-\dfrac{q_3}{4\pi\varepsilon_0}\left(\dfrac{q_2}{a^2}+\dfrac{q_1}{(2a)^2}\right)$

　　静止する条件：$q_1=q_3,\ q_2=-\dfrac{q_1}{4}$

(4) 張力：$T=\dfrac{Q^2}{2\pi\varepsilon_0 L^2}=\dfrac{2}{\sqrt{3}}mg,\quad Q^2=\dfrac{4\pi\varepsilon_0 L^2 mg}{\sqrt{3}}$

(5) 加速度の大きさ：$\dfrac{Qe}{4\pi\varepsilon_0 a^2}$，速度の大きさ：$\sqrt{\dfrac{Qe}{4\pi\varepsilon_0 am}}$

第 Ⅴ 章

問 2．$\sqrt{2gh}$

問 3．$F(x)=-\dfrac{\partial U}{\partial x}=-\dfrac{\partial}{\partial x}\left(-\dfrac{k}{r}\right)=-\dfrac{\partial}{\partial r}\left(-\dfrac{k}{r}\right)\left(\dfrac{\partial r}{\partial x}\right)=-\dfrac{k}{r^2}\dfrac{x}{r}$

ゆえに $\boldsymbol{F} = -\dfrac{k}{r^3}\boldsymbol{r} = -\dfrac{k}{r^2}\hat{\boldsymbol{r}}$.

演習問題 V

(1) 仕事：$W = \int \boldsymbol{F} \cdot d\boldsymbol{s} = \int_0^z (-mg)dz = -mgZ, \quad Z = \dfrac{V_0{}^2}{2g}$.

(2) $W = \int \boldsymbol{F} \cdot d\boldsymbol{s} = \int_h^0 (-mg)dz = \dfrac{1}{2}mv^2 - \dfrac{1}{2}mv_0{}^2, \quad v = \sqrt{v_0{}^2 + 2gh}$.

(3) 鉛直方向の到達高を h とすると，位置エネルギー：$mgh = \dfrac{1}{2}m(v_0 \sin\theta)^2$

$\therefore \quad h = \dfrac{v_0{}^2 \sin^2\theta}{2g}$

運動エネルギー：$\dfrac{1}{2}mv_0{}^2 - \dfrac{1}{2}m(v_0 \sin\theta)^2 = \dfrac{1}{2}mv_0{}^2 \cos^2\theta$.

(4) $W_{AB} = -2kb \int_a^c x\,dx = -kb(c^2 - a^2) \qquad W_{BC} = -kc^2 \int_b^d dy = -kc^2(d - b)$

$W_{CD} = kd(c^2 - a^2), \qquad\qquad W_{DA} = ka^2(d - b)$

$W_{ABCD} = 0$.

(5) 最下点Bでの速度：$v = \sqrt{2gR}$

Bからの水平距離：$\dfrac{\sqrt{3}}{2}R + \dfrac{R}{4}(\sqrt{3} + \sqrt{7})$.

(6) 例題 3 の結果より $v_0 = \sqrt{gl}$.

(7) 回転を続けるためには，$\theta = \pi$ で張力が正．(3-20)，(3-25) により $v_0{}^2 > 5gl$，

最下点での張力：$T = m\dfrac{v_0{}^2}{l} + mg = 6mg$.

(8) 向心力と万有引力のつりあいにより，運動速度は $v = \sqrt{\dfrac{GM}{R+h}}$,

力学的エネルギー：$E = \dfrac{1}{2}mv^2 - \dfrac{GMm}{R+h} = -\dfrac{1}{2}\dfrac{GMm}{R+h}$.

ロケット（質量 m'）の打ち出し速度を v とすると，高度 h で $v = 0$．ゆえに

$\dfrac{1}{2}m'v^2 - \dfrac{GMm'}{R} = -\dfrac{GMm'}{R+h} \qquad \therefore \quad v = \sqrt{\dfrac{2GM}{R(R+h)}}$.

第 VI 章

問 1．$v = \sqrt{\dfrac{k}{m}}x_0$

演習問題 VI

(1) 上端の位置：$Z = A - \dfrac{2mg}{k}$,

最大になる位置とその速度：$z = -\dfrac{mg}{k}$, $v^2 = \dfrac{k}{m}\left(A - \dfrac{mg}{k}\right)^2$

(2) 固定点を $z=0$ として，ロープに M を吊るしたつりあいの伸びを l_0 とすると，

$l_0 = \dfrac{mg}{k}$ で，最下点の位置は $z = L + l_0 + \sqrt{l_0^2 + 2l_0 L}$, 約 19.5m

張力：$T = k(z - L)$.

(3) バネ定数：$k = \dfrac{mg}{4a}$, 振動周期：$T = 2\pi\sqrt{\dfrac{m}{k}}$

最上端の高さ：$H = 2h - \dfrac{mg}{2k}$, 平均速度：$\bar{v} = \dfrac{2(h-a)}{\pi}\sqrt{\dfrac{g}{a}}$.

*(4) (6-7), (6-8) 式から，$\omega_1^2 = \omega_0^2 - \gamma^2$, 振動の周期 T は，
$$T = \dfrac{2\pi}{\omega_1} = 2\pi(\omega_0^2 - \gamma^2)^{-\frac{1}{2}}$$

1回の振動での振幅の変化率は(6-9)式により，
$$A/A_0 = \exp(-\gamma T) = \exp\{-2\pi\gamma(\omega_0^2 - \gamma^2)\}.$$

*(5) エネルギーの減少率 P は (6-15) によって $P = 2m\gamma\dot{x}^2$.

(6-9) から $P = 2m\gamma A^2 e^{-2\gamma t}(-\gamma \sin\omega_1 t + \omega_1 \cos\omega_1 t)^2$.

第VII章

問1．角運動量：$ma^2\omega$, 面積速度：$\dfrac{1}{2}a^2\omega$.

演習問題VII

(1) 角運動量：$\boldsymbol{L} = -mav \cdot \boldsymbol{k}$ ($\boldsymbol{k}$：単位ベクトル).

面積速度：$\dfrac{dS}{dt} = \dfrac{L}{2m} = \dfrac{av}{2}$：一定．

(2) $v = \dfrac{a}{b}v_0$,

運動エネルギーの変化量：$\Delta K = \dfrac{1}{2}mv^2 - \dfrac{1}{2}mv_0^2 = \dfrac{1}{2}mv_0^2\left(\dfrac{a^2}{b^2} - 1\right)$

糸の張力は $T(r) = ma^2 v_0^2 \dfrac{1}{r^3}$, ゆえに，半径 a から b まで糸を引く仕事は

$$W = -\int_a^b T(r)dr = -ma^2 v_0^2 \int_a^b \dfrac{dr}{r^3} = \dfrac{1}{2}ma^2 v_0^2\left(\dfrac{1}{b^2} - \dfrac{1}{a^2}\right).$$

(3) 最遠点での地球中心からの距離を r, そのときの速度を v とする．最遠点では速度は動径ベクトル $\boldsymbol{r}$ と直交している．角運動量保存とエネルギー保存則より，

$$\left(\dfrac{GM}{R} - \dfrac{1}{2}v_0^2\right)r^2 - GMr + \dfrac{1}{2}R^2 v_0^2 = 0$$

この解は $r=R$ および $r=\dfrac{Rv_0{}^2}{2\dfrac{GM}{R}-v_0{}^2}$ であり，最遠点は後者となる．

重力加速度 $g=\dfrac{GM}{R^2}$ を用いて表すと，$r=\dfrac{Rv_0{}^2}{2gR-v_0{}^2}$

このときの速度は，$v=Rv_0\Bigl(\dfrac{2gR-v_0{}^2}{Rv_0{}^2}\Bigr)=\dfrac{2gR}{v_0}-v_0$.

第VIII章

問１．場の重ね合わせにより，２枚とも正電荷の場合，外部：$\dfrac{\sigma}{\varepsilon_0}$，内部：0．

正負の場合，外部：0，内部：$\dfrac{\sigma}{\varepsilon_0}$．

問２．図の円筒をとりガウス法則を適用，
$2ES=\dfrac{\sigma S}{\varepsilon_0}$ より電場は $E=\dfrac{\sigma}{2\varepsilon_0}$

問３．外部は，中心の点電荷の場，
$E(r)=\dfrac{Q}{4\pi\varepsilon_0 r^2}$ $(Q=4\pi a^2\sigma)$．
内部の場はない．

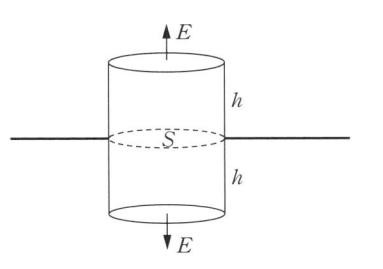

演習問題VIII(1)

$E=\dfrac{8qh}{4\pi\varepsilon_0}(a^2+h^2)^{-\frac{3}{2}}$

$W=\displaystyle\int_\infty^h Fdz=\dfrac{2qQ}{\pi\varepsilon_0}\int_\infty^h \dfrac{z}{(a^2+z^2)^{\frac{3}{2}}}dz=\dfrac{qQ}{2\pi\varepsilon_0}\dfrac{1}{\sqrt{a^2+h^2}}$．

(2) 全電荷量 $Q=\pi ca^4$，

球内：$E(r)=\dfrac{c}{4\varepsilon_0}r^2$，球外：$E(r)=\dfrac{ca^4}{4\varepsilon_0 r^2}$．

(3) 円柱内部：$E(r)=\dfrac{\rho}{2\varepsilon}r$，外部：$2\pi rlE=\dfrac{\pi a^2 l\rho}{\varepsilon_0}$．

(5) $E(h)=-\dfrac{d\phi(h)}{dh}=-\dfrac{\sigma}{2\varepsilon_0}\Bigl\{\dfrac{h}{\sqrt{h^2+a^2}}-1\Bigr\}=\dfrac{\sigma h}{2\varepsilon_0}\Bigl\{\dfrac{1}{h}-\dfrac{1}{\sqrt{h^2+a^2}}\Bigr\}$．

(6) 外部 $\phi(r)=-\displaystyle\int_\infty^r \dfrac{Q}{4\pi\varepsilon_0 r'^2}dr'=\dfrac{Q}{4\pi\varepsilon_0 r}$，

内部 $\phi(r)=-\displaystyle\int_\infty^a \dfrac{Q}{4\pi\varepsilon_0 r'^2}dr'-\int_a^r \dfrac{Q}{4\pi\varepsilon_0 a^3}r'dr'$

$=\dfrac{Q}{4\pi\varepsilon_0 a}-\dfrac{Q}{8\pi\varepsilon_0 a^3}(r^2-a^2)=\dfrac{3Q}{8\pi\varepsilon_0 a}-\dfrac{Q}{8\pi\varepsilon_0 a^3}r^2$

(7) ① $r>b$: $E(r)=\dfrac{Q+q}{4\pi\varepsilon_0 r^2}$, $\phi(r)=-\int_\infty^r \dfrac{Q+q}{4\pi\varepsilon_0 r'^2}dr'=\dfrac{Q+q}{4\pi\varepsilon_0 r}$,

$a<r<b$: $E(r)=\dfrac{q}{4\pi\varepsilon_0 r^2}$,

$$\phi(r)=-\int_\infty^b \dfrac{Q+q}{4\pi\varepsilon_0 r'^2}dr'-\int_b^r \dfrac{q}{4\pi\varepsilon_0 r'^2}dr'$$

$$=\dfrac{Q+q}{4\pi\varepsilon_0 b}+\dfrac{q}{4\pi\varepsilon_0}\left(\dfrac{1}{r}-\dfrac{1}{b}\right)=\dfrac{Q}{4\pi\varepsilon_0 b}+\dfrac{q}{4\pi\varepsilon_0 r}$$

$r<a$：電場はなく，ポテンシャルは $\phi(a)$．

② 電位差：$V_{AB}=\phi(a)-\phi(b)=\dfrac{q}{4\pi\varepsilon_0}\left(\dfrac{1}{a}-\dfrac{1}{b}\right)>0$

第 IX 章

演習問題 IX

(1) 電場は不変，電位差とエネルギーは $1/2$．

(2) 仕事：$W=\displaystyle\int_0^Q \dfrac{q}{4\pi\varepsilon_0 a}dq=\dfrac{Q^2}{8\pi\varepsilon_0 a}$

電場エネルギー：$T=\displaystyle\int_a^\infty \dfrac{1}{2}\varepsilon_0\left(\dfrac{Q}{4\pi\varepsilon_0 r^2}\right)^2\cdot 4\pi r^2 dr=\dfrac{Q^2}{8\pi\varepsilon_0 a}$

(3) 外部：$W_{out}=q\phi(a)=\dfrac{Qq}{4\pi\varepsilon_0 a}$ $\quad\left(Q=\dfrac{4\pi}{3}a^3\rho\right)$

内部：$W_{in}=-\displaystyle\int_a^0 \dfrac{q\rho}{3\varepsilon_0}r dr=\dfrac{q\rho a^2}{6\varepsilon_0}=\dfrac{Qq}{8\pi\varepsilon_0 a}$

$W=W_{out}+W_{in}=\dfrac{3Qq}{8\pi\varepsilon_0 a}$

(4) ① 仕事：$W=\dfrac{1}{4\pi\varepsilon_0}\left(\dfrac{1}{a}-\dfrac{1}{b}\right)\displaystyle\int_0^Q q dq=\dfrac{Q^2}{8\pi\varepsilon_0}\left(\dfrac{1}{a}-\dfrac{1}{b}\right)$

② 場のエネルギー：
$$T=\int_a^b \dfrac{1}{2}\varepsilon_0\left(\dfrac{Q}{4\pi\varepsilon_0 r^2}\right)^2\cdot 4\pi r^2 dr=\dfrac{Q^2}{8\pi\varepsilon_0}\left(\dfrac{1}{a}-\dfrac{1}{b}\right)$$

③ $C=\dfrac{4\pi\varepsilon_0 ab}{b-a}$, $T=\dfrac{1}{2}\dfrac{Q^2}{C}$

(5) 電場：$E_1=\dfrac{Q}{\varepsilon_0 S}$, $E_2=\dfrac{q}{\varepsilon_0 S}$

エネルギー：$W_1=\dfrac{1}{2}\varepsilon_0 E_1^2 S d_1=\dfrac{1}{2}\dfrac{Q^2}{\varepsilon_0 S}d_1$, $W_2=\dfrac{1}{2}\varepsilon_0 E_2^2 S d_2=\dfrac{1}{2}\dfrac{q^2}{\varepsilon_0 S}d_2$

圧力：左向きに $f_1=\dfrac{1}{2}\varepsilon_0 E_1^2=\dfrac{Q^2}{2\varepsilon_0 S^2}$, 右向きに $f_2=\dfrac{1}{2}\varepsilon_0 E_2^2=\dfrac{q^2}{2\varepsilon_0 S^2}$

$$f = f_1 - f_2 = \frac{1}{2}\frac{(Q^2 - q^2)}{\varepsilon_0 S^2}$$

第 X 章

演習問題 X

(1) $P = (\rho v S)^2 r \dfrac{l}{S} = r\rho^2 v^2 l S$

(2) 電流密度：$j = \dfrac{E}{r} = \dfrac{V}{rd}$, ジュール熱：$P = IV = \dfrac{S}{rd}V^2$.

(3) $P = \dfrac{Q_0{}^2}{RC^2}\exp\left(-\dfrac{2}{RC}t\right)$

全ジュール熱：$W = \dfrac{Q_0{}^2}{RC^2}\displaystyle\int_0^\infty \exp\left(-\dfrac{2}{RC}t\right)dt = \dfrac{Q_0{}^2}{RC^2}\dfrac{RC}{2} = \dfrac{1}{2}\dfrac{Q_0{}^2}{C}$.

(4) 10-7(a)：直列の場合，

回路全体での消費電力は $P = I_s V = 0.167 \times 100 = 16.7\,\mathrm{W}$

100 W 電球：2.79 W, 60 W 電球：4.66 W, 30 W 電球：9.29 W

10-7(b)：並列の場合，

それぞれ 100 W, 60 W, 30 W の消費電力,

回路全体としては 190 W

第 XI 章

演習問題 XI

(1) 水平方向を x 軸とし，はじめの台の重心位置を X_1, 物体の位置を x_1, 高さ h だけ滑り落ちた後のそれぞれの位置を X_2, x_2 とする．$x_1 - x_2 = x$, $X_2 - X_1 = X$ とすると $\dfrac{h}{x + X} = \tan\theta$, および水平方向での重心の静止により，それぞれの移動距離は

$$x = \frac{h}{\tan\theta}\frac{M}{m+M},\quad X = \frac{h}{\tan\theta}\frac{m}{m+M}$$

(2) 重心の速度：$V = \dfrac{m_1}{m_1 + m_2}v_0$

例題 2 で得た運動方程式の両辺に $\dot{x}$ をかけて積分すると, 相対速度は

$$\dot{x}(r) = \left(v_0{}^2 - \frac{2k}{\mu r}\right)^{\frac{1}{2}},\quad 最接近距離：r_{\min} = \frac{2k}{\mu v_0{}^2},$$

各粒子の速度：$v_1' = \dfrac{m_1 - m_2}{m_1 + m_2}v_0$, $v_2' = \dfrac{2m_1}{m_1 + m_2}v_0$.

(3) SがAに衝突した直後にAが得る速度 v_A : $v_A = v_0$.

重心の速度 V : $V = \dfrac{v_0}{2}$. 重心の位置は，はじめのAの位置を原点にとると，
$$X(t) = \dfrac{v_0}{2}t + \dfrac{a}{2}.$$
バネの伸び $l = x_2 - x_1 - a$ とすると，各運動方程式から，
$$\ddot{l} = -\dfrac{2k}{m}l.$$
初期条件を与えると解は $\quad l(t) = -\dfrac{v_0}{\omega}\sin\omega t \quad \left(\omega = \sqrt{\dfrac{2k}{m}}\right).$

これらより，$x_1(t) = \dfrac{v_0}{2}t + \dfrac{v_0}{2\omega}\sin\omega t$, $x_2(t) = a + \dfrac{v_0}{2}t - \dfrac{v_0}{2\omega}\sin\omega t$.

(4) 運動量保存則と弾性衝突の条件より，$m_2 = 3m_1$.

衝突前後の両粒子の重心系での速度：
$$u_1 = \dfrac{3}{4}v_1, \quad u_2 = -\dfrac{1}{4}v_1, \quad u_1' = -\dfrac{3}{4}v_1, \quad u_2' = \dfrac{1}{4}v_1.$$
衝突後のA，Bの運動エネルギー：
$$K_A = \dfrac{1}{8}m_1 v_1^2, \quad K_B = \dfrac{3}{8}m_1 v_1^2.$$

(5) 質量比：$m_B = (2\sqrt{2} + 1)m_A$.

エネルギーの減少率：$\dfrac{1+\sqrt{2}}{4}$.

(6) 衝突後の両粒子の速度：$v' = \dfrac{m_1}{m_1 + m_2}v_1$.

エネルギー比：$\quad \dfrac{E'}{E} = \dfrac{m_1}{m_1 + m_2}$.

(7) 両粒子の速度：$v_1 = \dfrac{11}{15}v_0$, $v_2 = \dfrac{8}{45}v_0$.

エネルギーの失われる割合：$e^2 = \left(\dfrac{5}{9}\right)^2$.

第XII章

演習問題XII

(1) $\langle v^2 \rangle^{1/2} = \sqrt{\dfrac{3kT}{m}}$.

(2) $\dfrac{1}{2}\sqrt{\dfrac{kT}{m}}\dfrac{SN}{V}$.

(3) 平均の運動エネルギー：6.21×10^{-21} J,

平均速度：3.99×10^2m/sec

(4) 分子内エネルギー：$\dfrac{9}{2}kT-\dfrac{3}{2}kT=3kT$，圧力：$P=nkT$．

*(5) $\dfrac{df(v)}{dv}=0$ となる v：$v=\sqrt{\dfrac{2kT}{m}}$．

*(6) $\bar{v}=\left(\dfrac{8kT}{\pi m}\right)^{1/2}$，$\tilde{v}=\sqrt{\dfrac{3kT}{m}}$．

第XIII章

演習問題XIII

(1) 体積： $V=R\dfrac{ST_0}{Mg}$．

気体のした仕事：$W=RT_0$，

加えた熱量： $\Delta Q=\dfrac{5}{3}RT_0$．

(2) $\Delta S=S_2-S_1$
$=(C_P\log T_2-R\log P_2)-(C_P\log T_1-R\log P_1)$
$=C_P\log\dfrac{T_2}{T_1}-R\log\dfrac{P_2}{P_1}$

(3) ① 内部エネルギーの変化：$\Delta U=\dfrac{3}{2}P_1(V_B-V_A)$

加えられた熱量： $\Delta Q=\dfrac{5}{2}P_1(V_B-V_A)$

エントロピー変化： $\Delta S=\dfrac{3}{2}R\ln(T_B/T_A)+R\ln(V_B/V_A)=\dfrac{5}{2}R\ln(V_B/V_A)$

② 熱量： $\Delta Q_{BC}=RT_B\ln(V_C/V_B)=P_1V_B\ln(V_C/V_B)$

エントロピー変化：$\Delta S_{BC}=R\ln(V_C/V_B)$

③ $P_2=P_1\left(\dfrac{V_B}{V_D}\right)^{5/3}$，$T_D=T_B\left(\dfrac{V_B}{V_D}\right)^{2/3}$ ここで， $T_B=\dfrac{P_1V_B}{R}$．

内部エネルギーの変化：$\Delta U_{BD}=\dfrac{3}{2}RT_B\left\{\left(\dfrac{V_B}{V_D}\right)^{2/3}-1\right\}$．

エントロピー変化： $\Delta S=0$．

索　引

[アルファベット]
AU　　59, 246, 247
BCS 理論　　172
Boltzmann Factor　　208
Flux　　132-134, 136
PRINCIPIA　　7, 19, 27, 89, 115

[あ行]
アース　　144
アヴォガドロの法則　　197, 202
位置エネルギー　　78-88, 91, 96, 97, 138, 139, 154, 155, 207, 208
ヴォルタ電池　　165
運動エネルギー　　73-75, 79-81, 84, 87-89, 91, 95-97, 123, 154, 169, 178, 181, 186, 192, 193, 198, 199, 201-203, 206, 209, 213, 222, 226
運動量　　7, 27, 29, 30, 87-89, 112-116, 118, 120, 123, 164, 177, 179-181, 185-187, 189-192, 198, 199, 223, 241, 242
運動量保存　　30, 115, 177, 179, 185-187, 190, 223
エネルギー等分配則　　202
遠隔作用　　66-68
エントロピー　　222, 223, 225-231, 233, 234

[か行]
外積　　111, 112
ガウス法則　　131, 135, 136, 138, 142, 143, 145, 149
カオス　　121
可逆過程　　217, 219, 228, 230
角運動量　　112-116, 118, 120, 123
角運動量保存則　　115
角振動数　　47, 98, 100, 245
過減衰　　99
ガリレイ不変性　　178
ガリレイ変換　　177-179
カロリー　　215
換算質量　　181, 183
環状運動　　67
慣性　　7, 8, 27-32, 36, 37, 45, 75, 89, 115, 177-179, 190
慣性質量　　27-32
慣性抵抗　　36, 37
キャヴェンディッシュの実験　　139

偶力　　112-114
クーロン力　　64-66, 68, 69, 76, 82, 83, 85, 96, 114, 127, 138, 139, 153-156, 164, 168, 172, 233
ゲイ・リュサック　　197, 222
決定論的世界観　　120
ケプラーの法則　　7, 59, 68, 115, 116
減衰時定数　　170
高温超伝導体　　172
向心加速度　　22, 29, 50, 61
拘束運動　　43
コンデンサー　　149-156, 159, 160, 165, 167, 169, 170, 173

[さ行]
サイクロイド振子　　53, 104, 244-246
最小作用の原理　　155
作用・反作用の法則　　27, 61, 177, 179, 180
仕事　　73-79, 81, 82, 84, 87-89, 91, 95, 96, 104, 123, 138, 140, 142, 145, 150-154, 159, 169, 190, 214-219, 221, 222, 225, 228, 231
仕事率　　73, 74, 169
質点　　28, 49-51, 56, 62, 78, 116, 123, 183, 184, 245
重心（系）　　179-182, 184-186, 188-190, 193, 200, 203
終端速度　　37, 38, 168
ジュール熱　　169, 172, 173
重力加速度　　31, 32, 35, 40, 43, 51, 79, 80, 83, 241, 242
重力質量　　30-32
重力場　　68, 76, 79, 131
準静過程　　216, 217
初期位相　　47, 48, 101, 107
新科学対話　　35, 36, 46, 87, 240
真空の誘電率　　64
垂直抗力　　17, 18, 24, 43, 80, 245
スカラー積　　14, 15, 24, 73, 74, 133
静止摩擦係数　　18
静電応力　　153
静電ポテンシャル　　138-141, 145
静電容量　　149
絶対温度　　202, 209
絶対零度　　197, 229

[た行]
第1種の永久機関　220
第2種の永久機関　219, 220
楕円軌道　59, 61, 115-117, 120, 246
縦波　100, 102, 104
単位ベクトル　13-15, 50, 61, 76, 111, 117, 133
弾性エネルギー　96
弾性衝突　104, 186-190, 192, 193, 198
断熱自由膨張　221, 222, 224, 225, 228, 229
断熱変化　216-219, 231
単振子　49, 81, 92, 243
力の経路積分　73, 75, 84, 87, 89
中心力　76, 77, 79, 82, 87, 96, 114, 115, 182
中心力場　76, 79, 82, 115, 182
超伝導　165, 171, 172
直列　167
定圧モル比熱　216
定圧比熱　216
抵抗　32, 35-40, 49, 53, 80, 83, 87, 89, 98-100, 107, 120, 163-165, 167-173, 215
定積モル比熱　215
定積比熱　216
電位　139-141, 143-145, 149, 152, 157, 159, 163, 164, 166, 167, 169
電位差　140, 141, 145, 149, 159, 163, 166, 167, 169
電気素量　64
電気伝導度　163, 165
電気力線　132
電場　127-143, 145, 149-153, 155-160, 164, 165, 169, 171
天文対話　35, 36, 52, 53
電流　163-165, 167-173, 215, 233
電流密度　163-165
等温変化　216-219, 222, 225, 231
等電位面　141, 143, 157
動摩擦係数　18, 43, 44

[な行]
内部エネルギー　200, 201, 213, 214, 216-218, 222, 225, 226, 228, 231
波の位相　101
熱素説　214
熱の仕事当量　215
熱平衡　202, 204-209, 216, 217, 220, 222, 224, 225, 230, 233
熱力学第1法則　213, 214, 216, 228
熱力学第3法則　229
熱力学第2法則　221, 223

熱量　213-215, 218, 219, 221, 225, 228, 231
ネルンストの熱定理　229
粘性抵抗　36, 37

[は行]
場　68, 76, 78-80, 82, 86, 87, 127, 128, 131-138, 140-143, 145, 149, 150, 152, 153, 156, 159, 172, 208, 233
バグダード電池　166
波動　100, 103-105, 234
波動方程式　103
バネ定数　45, 55, 56, 95, 100, 106, 107, 183, 193
場の重ね合わせの原理　128
場の面積積分　133, 134
万有引力　7-9, 31, 32, 59, 61, 62, 64-66, 68, 69, 76, 82, 83, 96, 114, 116, 117, 121, 138, 153, 233
万有引力定数　31, 61, 69
光の波動説　104
光の粒子説　104, 105
非弾性衝突　186
比抵抗　163, 173
比熱比　216
不可逆過程　219, 221, 222
振子の等時性　52
平行四辺形の法則　19, 115
並列　167
方向余弦　15
保存力場　75-80, 138, 206

[ま行]
面積速度　59, 114-116, 120, 123
面積ベクトル　133

[や行]
横波　100, 102, 104

[ら行]
力学的エネルギー　80, 81, 83-86, 92, 95-98, 100, 102, 117-119, 172, 177
力学的エネルギーの保存則　80, 97, 177
力積　29, 89, 198, 199
離心率　116, 119
理想化　35, 53, 54
理想気体　198, 199, 204, 209, 213, 214, 216-218, 221, 222, 226-231
臨界減衰　99

[著者略歴]

林　哲介（はやし　てつすけ）

京都大学名誉教授（星城大学長）。京都大学理学博士。
1966 年　京都大学理学部卒，京都大学教養部教務職員，同助手，
　　　　　助教授，教授を経て
1992 年　京都大学総合人間学部教授
2003 年　京都大学高等教育研究開発推進センター，大学院人間・
　　　　　環境学研究科教授。
（2005 年 10 月より 2006 年 3 月京都大学副学長・高等教育研究開
発推進機構長）
2006 年 4 月より現職。
専門：物性物理学・光物性。
業績：固体の電子励起状態の緩和過程に関する論文等多数。

科学のセンスをつかむ物理学の基礎
　　——エネルギーの理解を軸に　　　　　Ⓒ Tetsusuke Hayashi 2006, 2021

2006 年 4 月 15 日　初版第一刷発行
2021 年 3 月 20 日　初版第二刷発行

著　者　　林　　哲　介
発行人　　末　原　達　郎
発行所　　**京都大学学術出版会**
京都市左京区吉田近衛町 69 番地
京　大　会　館　内　（〒606-8315）
電　話（075）761-6182
ＦＡＸ（075）761-6190
URL http://www.kyoto-up.or.jp
振　替 01000-8-64677

ISBN 978-4-87698-680-4　　印刷・製本　㈱クイックス東京
Printed in Japan　　　　　　定価はカバーに表示してあります

本書のコピー，スキャン，デジタル化等の無断複製は著作権法上での例外を除き
禁じられています。本書を代行業者等の第三者に依頼してスキャンやデジタル
化することは，たとえ個人や家庭内での利用でも著作権法違反です。